U0927819

全民科学素质行动计划纲要书系

热门电脑丛书

如何从因特网上下载数据

晶辰创作室 编著

科学普及出版社
·北 京·

图书在版编目(CIP)数据

如何从因特网上下载数据／晶辰创作室编著．—北京：科学普及出版社，2009.1
（热门电脑丛书）（2010.8 重印）
ISBN 978－7－110－06863－2

Ⅰ．如… Ⅱ．晶… Ⅲ．因特网－基本知识 Ⅳ．TP393.4

中国版本图书馆 CIP 数据核字（2007）第 201837 号

热门电脑丛书

如何从因特网上下载数据

星辰创作室 编著

出版发行：科学普及出版社
社 址：北京市海淀区中关村南大街 16 号
邮政编码：100081
电 话：010－62103210
传 真：010－62183872
网 址：http：//www.kjpbooks.com.cn
印 刷：北京永峥印刷有限责任公司
开 本：787 毫米×1092 毫米 1/16
印 张：7
字 数：168 千字
版 次：2009 年 1 月第 1 版 2010 年 8 月第 4 次印刷
书 号：ISBN 978－7－110－06863－2/TP・183
印 数：13001－16000 册
定 价：14.00 元

本社图书封面均贴有防伪标志，未贴为盗版书。
（凡购买本社的图书，如有缺页、倒页、脱页者，本社发行部负责调换）

内 容 简 介

这是一本面向具体应用的电脑书籍，它不是笼统抽象地说电脑能干些什么，也不是洋洋洒洒地去一一罗列电脑软件的具体功能，而是教会你如何运用电脑去完成实际的工作，解决具体的问题，让电脑真正地使你能够以一当十，成倍地提高工作效率，让你的梦想成真，涉足过去只能想而难以做的事。

本书以实际的从网上下载数据为背景，通过具体的应用范例，详细地介绍了从网上下载数据的基本概念和有效方法，内容涉及当今一些流行下载工具的使用方法与技巧，以及如何合理地使用下载工具下载特定内容等诸多方面，并给出了翔实有效的解决方案。通过本书的学习，你将学会从网上下载数据的各种技巧，从而能够更加充分地享有和利用因特网的资源。

策划编辑 徐扬科
责任编辑 沈国峰
特邀编辑 王　潜
责任校对 赵丽英
责任印制 李春利
封面设计 耕者设计工作室

《热门电脑丛书》编委会

主　编

宜　晨　知　寒　汪　浅

副主编

汪永洲　李　智　朱元秋　张肃泉　田原铭

编　委

蒋啸奇　郑莉萍　王东伟　陈　辉　赵爱国　武　鑫　黄　喆
杨志凌　唐笑飞　张　昊　孙世佳　张　开　王利军　赵　妍
陆　宽　刘宏伟　路浩宇　徐文星　刘鹏宇　何　谷　杨宜卿
高　震　王福胜　赵龙海　朱鹏飞　王　冠　赵乐祥　徐　红
马洁云　王　敏　蒲章国　薛　李　王　硕　吴　鑫　苗　泽
张　帆　朱红宁　马玉民　王九锡　谢庆恒　张亚雄

前言

人类前进的历史，犹如大江奔流，滔滔不息。

我们曾经羡慕鸟儿能自由飞翔在蓝天，于是发明了飞机，它带着我们的梦想，所以飞得更远。

我们曾经幻想月亮上住着梦中的天仙，于是登上月球去寻找她的仙踪。

我们曾经以为那遥远的地平线是永生无法到达的终点，而如今相距天涯的我们却能对面相视而谈。

这是一个神奇的世界，这是一个数字潮流时刻奔涌不息的时代。

这一切都是因为有了电脑和因特网！

是电脑和因特网让地球小了起来。我们可以通过网络即时通讯软件与他人沟通和交流。不管你的朋友是在你家隔壁还是在地球的另一端，他的文字、他的声音、他的容貌可以随时在你眼前呈现。

是电脑和因特网让世界动了起来。博客、播客、威客、BBS……网络为我们提供了充分展现自己的平台，每个人都可以通过文字、声音、视频表达自己的观点，探求事情的真相，与朋友分享自己的喜怒哀乐。网络就是这样一个完全敞开的世界，我们的交流没有界限。

是电脑和因特网让生活炫了起来。平淡无奇的日常生活让我们丧失了激情，现在就让网络来把梦想点燃吧！你可以制作漂亮的照片，编录精彩的视频，让每个人都欣赏你的风采；你可以下载动听的音乐，观看最新的电影，让自己的生活不再苍白；你可以搜寻最新的商品，“晒”出自己的家当，不管是网上购物还是以货换货，你都可以让生活随自己所愿，永远走在时尚的最前端。

是电脑和因特网让我们强大起来。过去我们用身体上班，靠手脚出力，事事亲力亲为，一天下来常常疲惫不堪。现在我们用大脑工作，指挥电脑一天完成一个人过去一万年十万年也完成不了的事；我们足不出户，却可通过搜索引擎知晓天下事情的来龙去脉；借用三维图像软件，我们甚至可以在亦真亦幻的虚拟现实世界里自由徜徉，让自己的梦想成真；凭着电脑，我们还能在瞬息万变、风起云涌的证券市场抢得先机，镇定自如，弹指一挥间锁定成千上万的财富……

电脑可以做的事情还有太多太多。

其实不仅仅是电脑，也不仅仅是因特网，这股数字化、信息化的发展洪流正在让我们的世界观面临着巨大的改变。它为传统产业带来新的生机，更造就了许多的科技新贵。在这股洪流中，我们只有更快更多地了解它、接受它，才可以更好地利用它、掌握它，争做最先。

为了帮助更多的人更好更快地融入这股潮流，2000年在科学普及出版社的鼓励与支持下，我们编写出版了《电脑热门应用与精彩制作丛书》。弹指间八年光阴已逝，很多技术有了发展，新的应用更是层出不穷，为了及时反映这些最新的科技成就，我们在上一套丛书成功出版的基础上重新修订编写了这套《热门电脑丛书》，以更开阔的视野把当今电脑及网络应用领域里的热点知识和精彩应用介绍给读者。

在此次修订编写过程中，我们秉承既往的理念，以提高生活情趣、开拓实际应用能力为宗旨，用源于生活的实际应用作为具体的案例，尽力用最简单的语言阐明相关的原理，用最直观的插图展示其中的操作奥妙，用最经济的篇幅教会你一门电脑知识、解决一个实际的问题，让你在掌握电脑与网络知识的征途中踏上一个全新的起点。

电脑并不高深，网络也并不复杂，只要你找到一个好的向导，就可以很快走进这个奇妙的世界。愿我们这套丛书成为你的好向导！

晶辰创作室

目　录

CONTENTS

目 录

CONTENTS

第1章 了解数据下载

本章要点

- ☑ 网上下载数据的典型应用
- ☑ “数据管理”先行
- ☑ 如何使用 IE 下载
- ☑ 下载工具简介

前些天我的一个朋友问我这个“网虫”：“天天坐在电脑前你干些什么啊，上网不就是看看新闻，聊聊天，发发邮件，干这些事不就几个小时就能搞定，至于天天泡在网上吗？”

我呵呵一笑：“看来你还没有真正领略因特网的奥妙啊！因特网可不仅仅用来了解世界、与朋友交流，而且还可以下载网上共享的很多资源！”

读者朋友们，我们买来电脑，就应该充分利用电脑的功能。说到电脑，理所当然就会想到因特网，如果没有因特网，电脑的功效会下降一大半。利用因特网，可以下载很多资料，这其中包括学习资料、电影、音乐、游戏、图片和专业软件，等等，所有这些资料，只要搜索方法得当，有相当多的内容都可以免费获得，因此学会搜索和下载数据就十分重要了。

网上下载数据的典型应用

上网最大的方便之处是不仅能够找到我们需要的很多资料，而且能够下载到电脑中，之后慢慢来使用这些资料。

网上的数据很丰富，可以下载视频（电影、动画片）、音频（mp3）、电子书、学习资料、软件、游戏……

在网上一样看电视哦！

1

图 1 中显示的是央视 10 套热播的《百家讲坛》——《论语心得》的视频，你可以从网上下载，从此不必每天准时守候在电视机前，等有时间时可以慢慢欣赏。

图 2 中是下载的流行歌曲周杰伦的《菊花台》用播放器播放时的界面，下载下来以后，还可以通过数据线把这首歌传输到手机中，作为手机铃声。

2

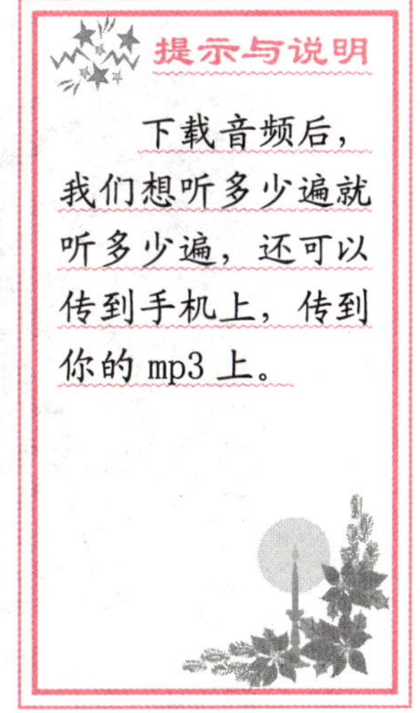

提示与说明

下载音频后，我们想听多少遍就听多少遍，还可以传到手机上，传到你的 mp3 上。

提示与说明

在网上输入你想要下载的书名，再点击下载，几分钟后你就可以阅读这本书了。

3

你是不是觉得现在的好书挺多，有很多想看的书，但是又觉得书店的书太贵了，而且有的书店就没有出售你想买的书，为了买到一本心仪的书不得不跑上几个书店，即使这样，也不一定能买到。

其实有很多书根本不用买，我们可以在网上找到并下载，而且完全免费，图 3 就是从网上下载的《哈里·波特与混血王子》，这可是最新的一集哦！

买来电脑不可能仅仅使用 Windows 自带的那几个软件，而且 Windows 自带的软件往往不是相关领域最优秀的软件，为了最大地发挥电脑的功能，帮助我们的学习和工作，自己还需要一些具有某些专业功能的软件，如下载软件、播放软件、专业软件……当然，这些软件可以在软件市场上买到，但是从网上下载提供了一种免费的、足不出户的方式来得到这些软件。

图 4 显示的是从网上下载的、时下一种流行的聊天工具腾讯 QQ，下载安装以后就可以用它来和使用这个软件的朋友聊天了。

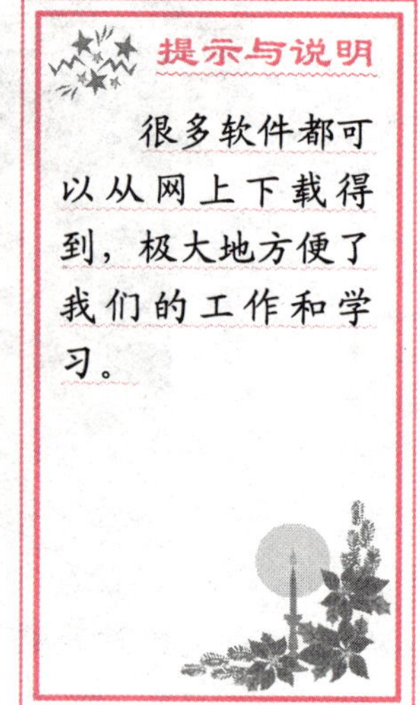

提示与说明

很多软件都可以从网上下载得到，极大地方便了我们的工作和学习。

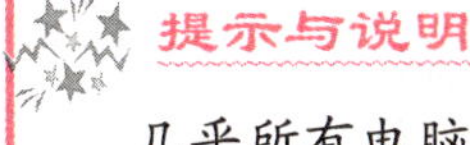

提示与说明

几乎所有电脑游戏都能从网上下载得到。

5

电脑的一大功能就是它的娱乐功能，对于年轻人来说游戏应该是最能放松身心的了。现在的游戏种类丰富，画面华丽，但是价格也不菲。对于把游戏用于放松目的的我们来说，实在没有必要花那么多钱去买个游戏软件。同样，游戏也可在网上免费下载你想要的游戏。不花钱又能得到娱乐放松，一箭双雕！图 5 是从网上下载的流行游戏《反恐精英》，安装后就开始“反恐”了。

娱乐放松之余，也该学习了。除了传统的从书本学习知识，我们也可以通过从网上下载资料来学习。当然，从书本上学习知识是主要的方法，但从网上搜集下载大量的参考资料，也是一种很好的学习辅助手段。再者，网上下载的学习资料有很多是别人总结出来的，利用别人的经验，对大家的学习会有很大帮助。网上的资源很丰富，可以用来复习功课、练习英语口语、学习新知识……只要搜索方法得当，要得到这些学习资料并不难。图 6 是从网上下载的有关 C++编程的书，有了这本书，相信想要学习 C++编程的工程人员，其编程技术肯定会突飞猛进！

6

提示与说明

可以下载得到和自己专业相关的、自己感兴趣的学习资料。

有了这些学习资料就可以给自己充电了。

“数据管理”先行

在了解了下载数据的典型应用后，也许大家都迫不及待地想要实践实践了。且慢！在学习下载之前还得学习一个数据下载必须具备的习惯——数据管理。

什么是数据管理呢？在下载数据前，应该先在电脑上腾出一片“空地”来存放这些数据。不仅要存放这些数据，而且要放得整齐有序以方便今后的查找与使用。

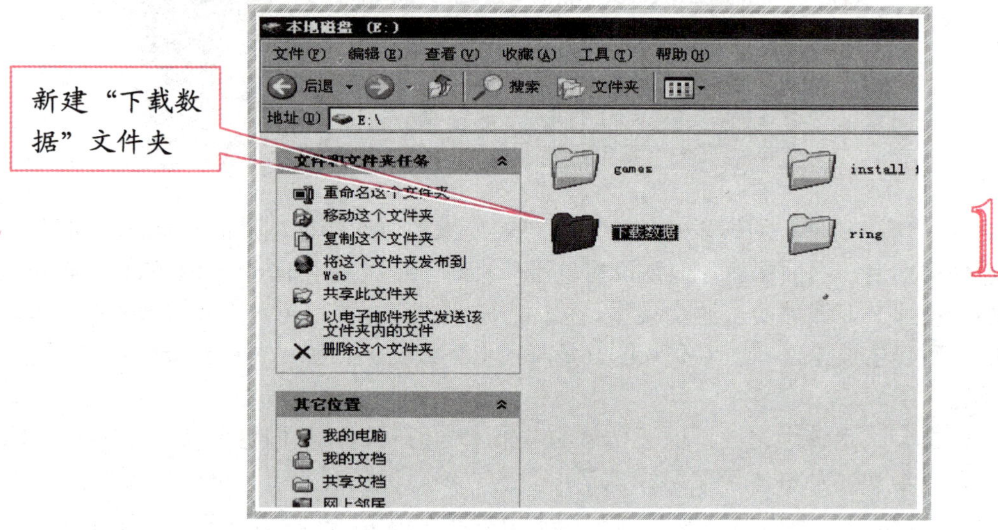

1．首先，在电脑除了C盘之外的任何一个硬盘创建一个名为“下载数据”的文件夹。这里创建文件夹的路径为“E:\下载数据”，如图1所示。

2．在“下载数据”文件夹里分别创建“视频”、“音乐”、“电子书”、“软件”、“游戏”和“学习资料”文件夹，如图2所示。

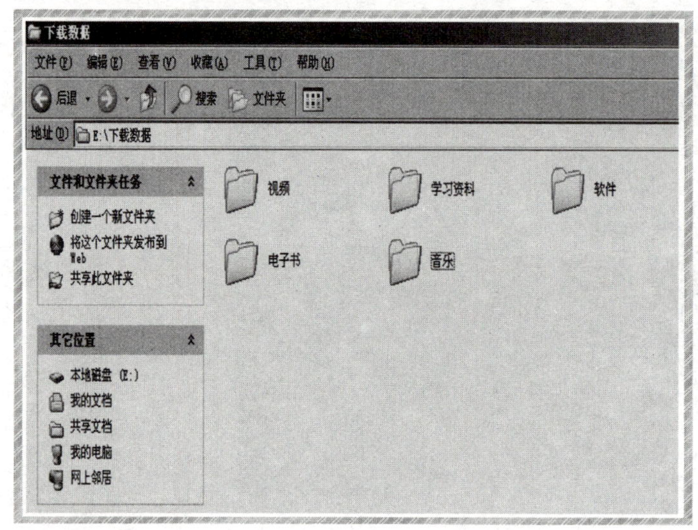

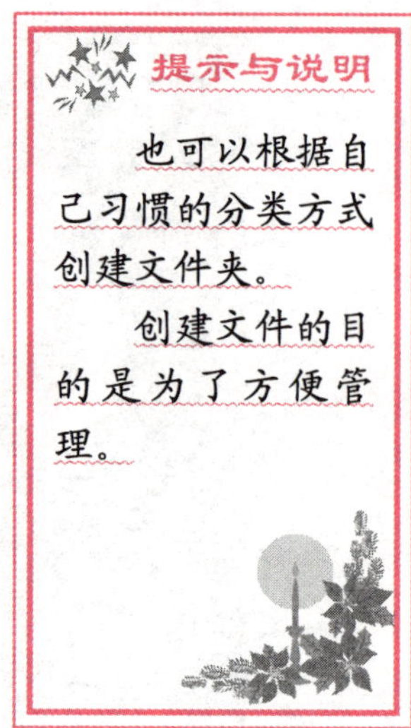

提示与说明

也可以根据自己习惯的分类方式创建文件夹。

创建文件的目的是为了方便管理。

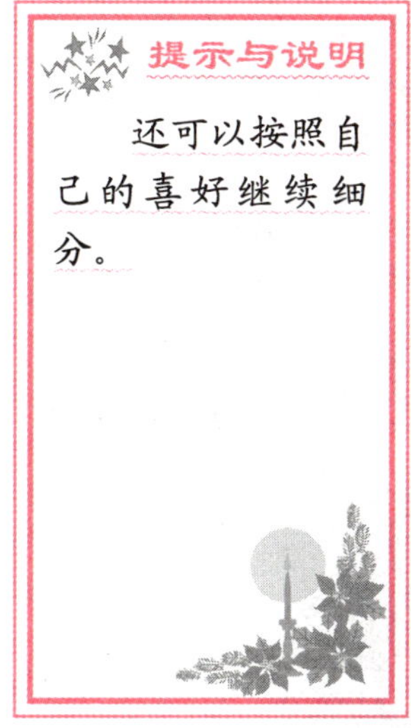

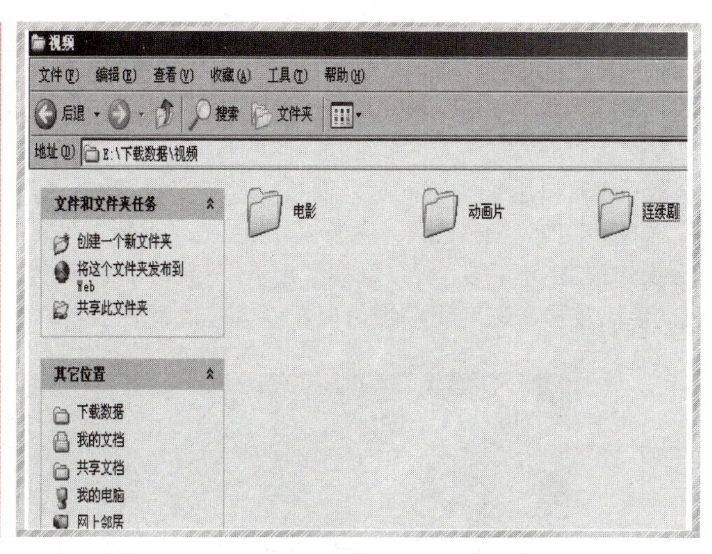

3

3．如果愿意，还可以继续细分下去。比如，像图3所示那样，把“视频”文件夹分为“电影”、“动画片”和“连续剧”等。同样，这里仍然可以按照自己的喜好细分“音乐”文件夹。再次重申，不要把“下载数据”文件夹放到C盘里面，因为C盘通常是系统盘，把下载数据全都放到C盘里面，当管理下载数据时（如删除某些数据），很容易不小心删除系统文件，造成系统瘫痪。

4．不储存在C盘还有另外一个原因，每个人的电脑系统都有系统崩溃的时候，要么因为中了电脑病毒，要么因为不小心删除了系统文件，这时需要重新安装系统，重装系统一般先要格式化C盘，那么储存在C盘的数据将会全部丢失，以前下载的有用资料又要重新搜索重新下载。如果放在其他盘，重装系统时完全不影响之前下载好的数据，系统重装好后，仍然可以继续使用先前下载好的资料。

同样的原因，不管是什么资料，比如安装某个软件，在设置安装路径时，也不要安装在C盘中，像图4中笔者特别提示的那样。这在后续的章节中会有详细介绍。

4

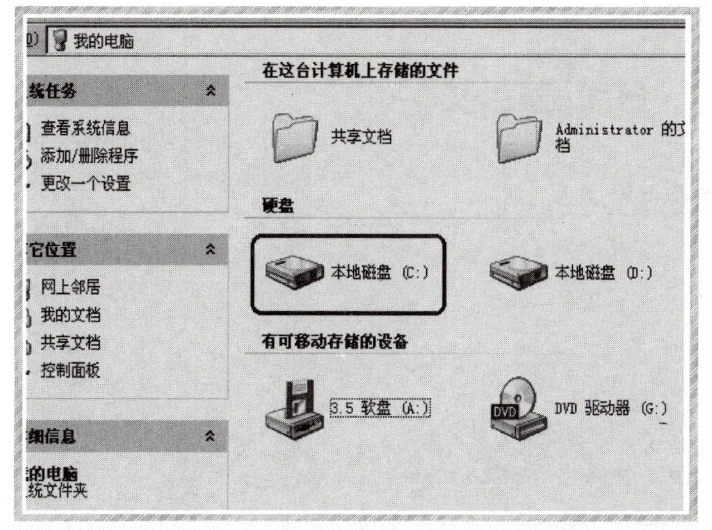

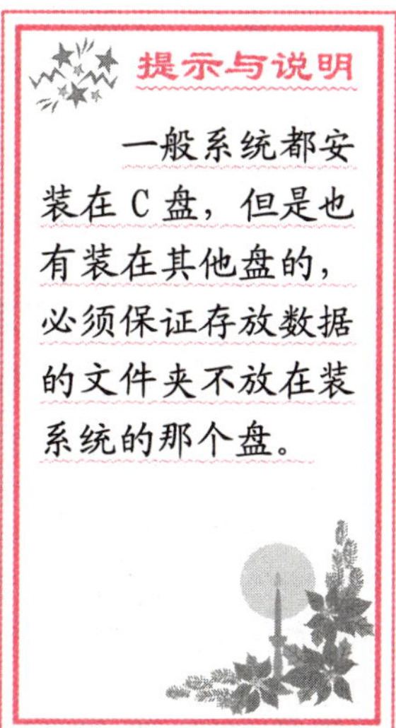

如何使用 IE 下载

IE 浏览器不仅可以用来浏览网页，而且提供了下载功能。现在许多网民都比较喜欢用其他浏览器，如腾讯 TT，Maxthon（遨游），FireFox（火狐），但这些浏览器要么是用 IE 作为内核，要么操作跟 IE 差不多，所以掌握了用 IE 下载，对其他浏览器的下载就很容易上手。

IE 下载功能比较弱，速度比较慢，但在没有其他下载工具时，使用 IE 下载也没问题。

双击桌面上的 IE 浏览器

1

下面学习如何用 IE 来下载一款专业下载软件——迅雷。

1．双击桌面上的 IE 图标，或者单击桌面工具栏左边的 IE 图标，如图 1 所示。

2．在 IE 地址栏中输入“http://www.baidu.com”（不包括双引号），进入如图 2 所示的百度页面。再在百度页面搜索窗口中输入关键字“迅雷下载”，敲击键盘回车键。

2

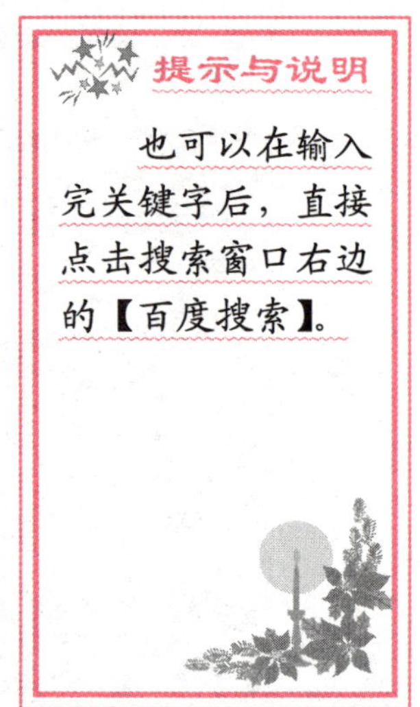

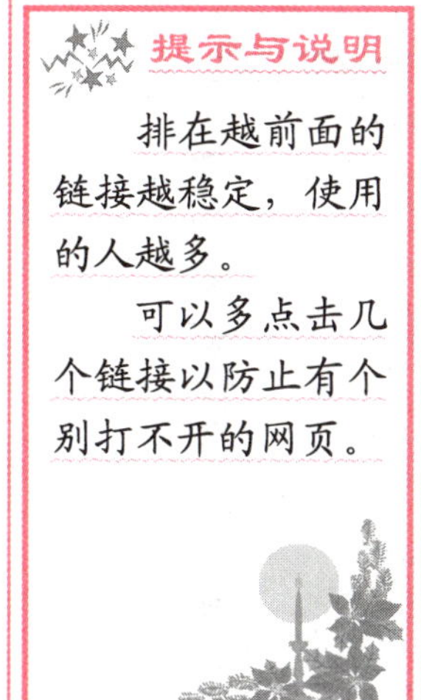
提示与说明

排在越前面的链接越稳定，使用的人越多。

可以多点击几个链接以防止有个别打不开的网页。

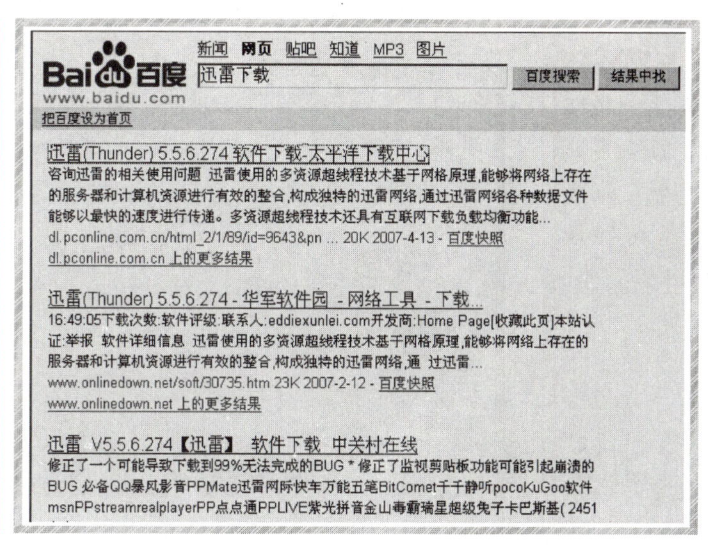

3

3．敲击回车键后，进入图3所示的搜索结果页面。页面列出能够下载迅雷这个软件的网址链接，鼠标左键点击其中一个，在这里，选择第一个作为示例。注意，百度排列条目的顺序是有讲究的，一般排在最上面的几个链接是比较稳定的，也就是说登录这些网站下载迅雷这个软件的人比较多，而且这些网站也比较出名。可以同时多打开几个链接，这样就有多个选择，哪个链接打开的速度快，哪个链接提供的软件版本最新，就选择那个最满意的再进行下载。

4．点击第一个链接后就进入下载的页面，如图4所示。可以看到，在这个页面中有对迅雷这款软件的基本介绍。在确定是我们要下载的软件后，左键点击下图画圈的绿色条“PConline 高速下载”，进入下一页面。有的软件下载页面会显示标有“下载”或“点击下载”字样的醒目条，有的页面可能会不太醒目，需要自己寻找，但是一般的下载链接都会放在软件介绍后面，或者软件介绍的前面。找到下载链接后，点击鼠标左键就可以进入下载页面。

4

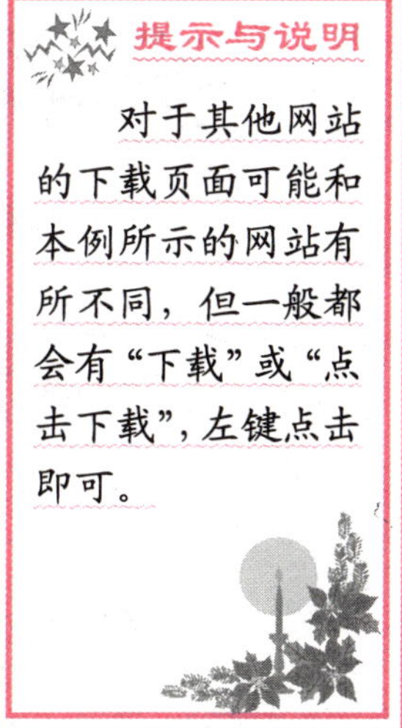
提示与说明

对于其他网站的下载页面可能和本例所示的网站有所不同，但一般都会有“下载”或“点击下载”，左键点击即可。

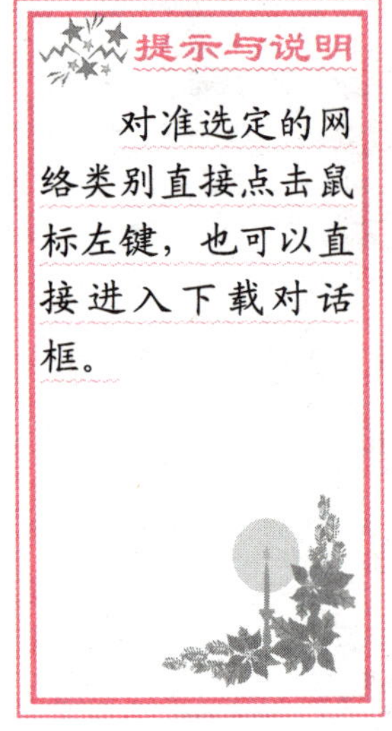

提示与说明

对准选定的网络类别直接点击鼠标左键，也可以直接进入下载对话框。

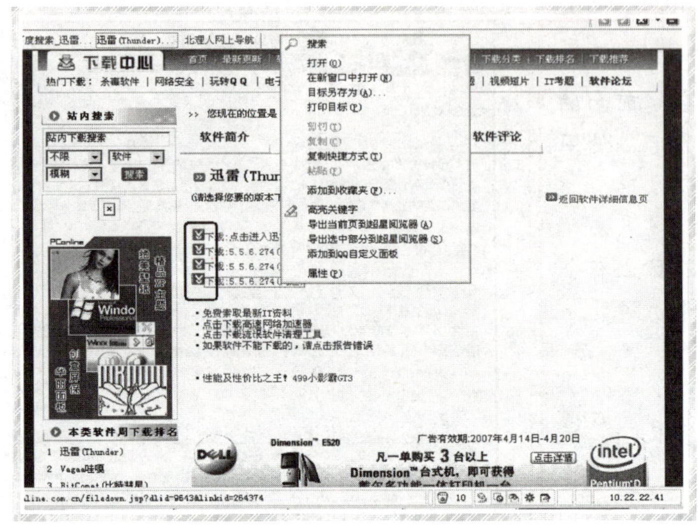

5

5. 完成步骤4的操作后，就进入图5所示的页面。可以看到用黑框框住的地方有四个不同的下载链接，分别为“下载点击进入迅雷论坛”、“下载5.5.6.274（电信）”、“下载5.5.6.274（仅限e家宽）”和“下载5.5.6.274（网通）”。其中第一个是进入迅雷论坛用的，不必理会。后面三个都是可以下载迅雷软件的有效链接，只不过对所使用的网络进行了分类，我们要根据自己所使用的网络来选择应该使用哪个链接来进行下载。选择对应的网络链接很重要，这样可以大大地提高下载速度。笔者所在的网络是网通的，那么，把鼠标对准“下载5.5.6.274（网通）”点击右键，出现右键菜单，如图5中间的菜单所示，选择【目标另存为】点击鼠标左键。

6. 完成上一步的操作后，出现如图6所示的“文件下载”对话框，点击【保存】按钮。点击保存后，会出现“另存为”对话框，在这个对话框设置该软件的存放路径。根据之前所建立好的存放目录，应该存放在“E:\下载数据\软件”目录下，同时可以把文件更改为自己容易记住的名字，但是不能更改扩展名“.exe”，最后鼠标左击【保存】。

6

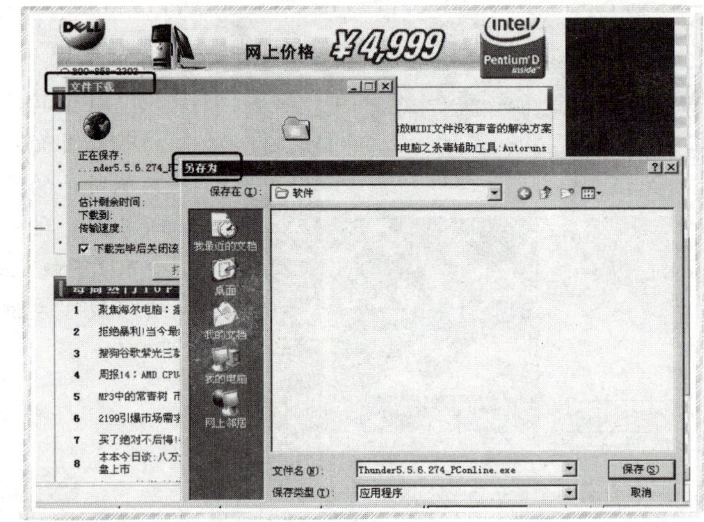

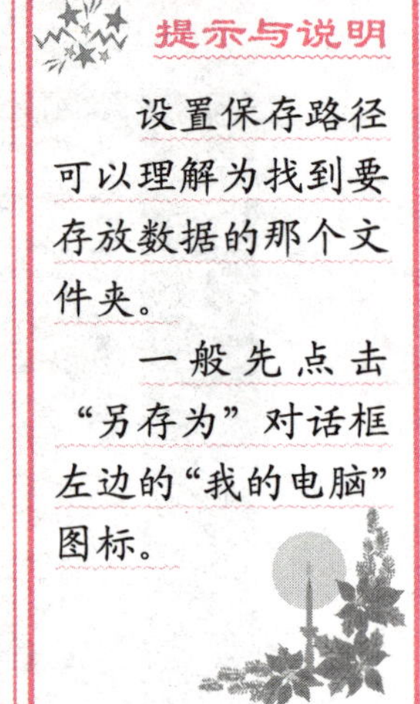

提示与说明

设置保存路径可以理解为找到要存放数据的那个文件夹。

一般先点击“另存为”对话框左边的“我的电脑”图标。

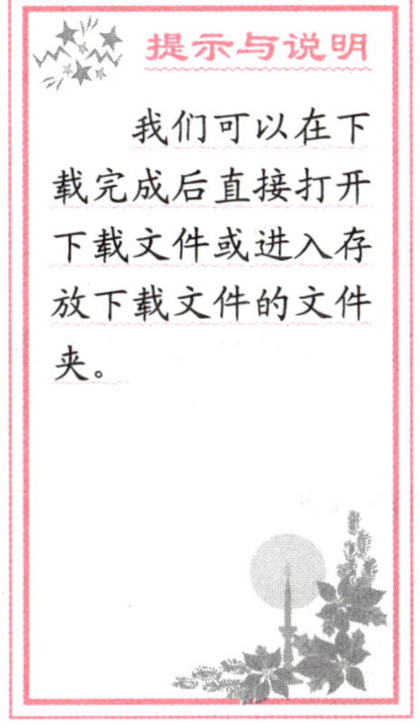

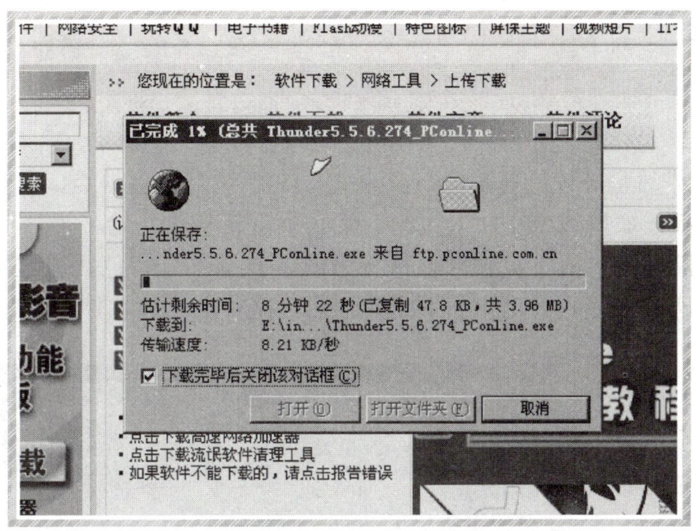

7

7．出现了“文件下载”对话框，就意味着真正开始从网上下载迅雷这款软件到电脑里了。如图 7 的对话框中，显示了进度条，从进度条中可以知道下载了软件的百分之几。进度条下面部分显示了基本的下载信息，分别显示了距下载完成还需的时间以及文件大小、文件存放的位置和下载速度。对话框靠下部分有一个复选框，为“下载完成后关闭该对话框”，勾选则启用此功能，不勾选此功能，则当下载完成后系统会有提示音，“文件下载”对话框会自动弹出，在弹出的对话框中可以选择打开所下载好的文件，或者直接打开下载文件所存放的文件夹。

8．最后介绍一下怎样用 IE 下载图片。当在网站上发现自己喜欢的图片，就可以下载下来。把鼠标移动到想要下载的图片上，点击右键出现右键菜单，如图 8 所示。选择并点击【图片另存为】，之后的步骤和本小节第 6 步类似。下载图片后就可以在自己的电脑上欣赏了。注意，如果直接下载如下图所示的小图片，完成下载后的图片就只是一个小图片，如果想要下载大图片，还需要将该图片在浏览器的另外窗口中打开再下载。

8

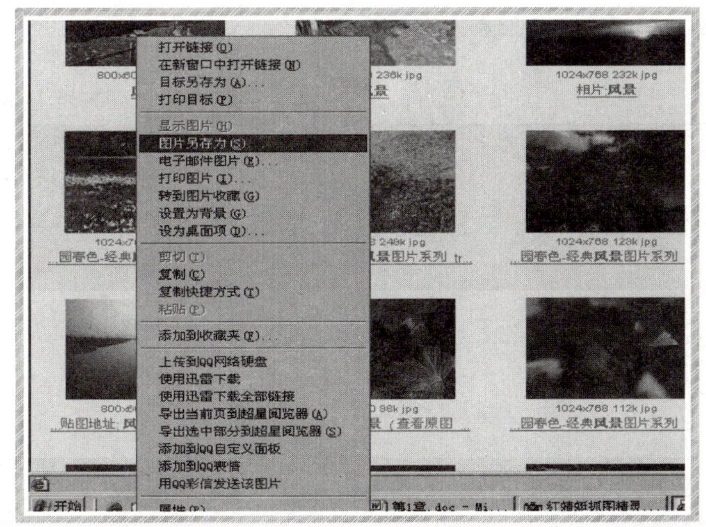

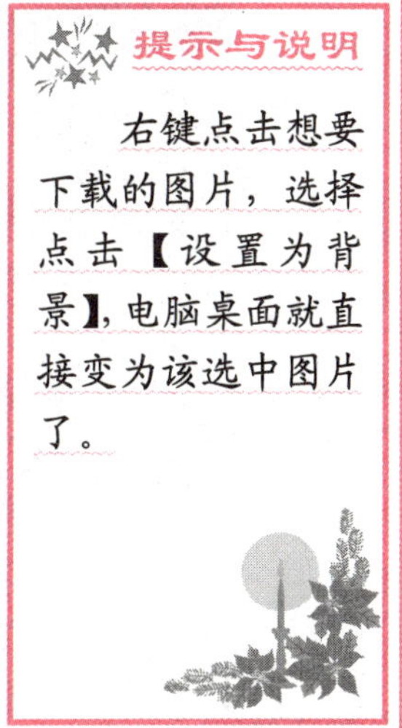

下载工具简介

IE 下载只是一种最基本的下载方式，IE 下载有很多缺点，IE 的下载速度较慢且不支持多线程下载，如掉线或文件太大的话就必须重新从头开始。

现在流行的专业下载软件，每种下载软件都各具特色，通过不同的下载方式，几乎都能达到快速、方便两大功能。下面介绍几款流行的下载软件。

图 1 是迅雷软件的下载窗口，迅雷是一款非常方便的下载软件，笔者下载歌曲几乎都是用它来完成。

图 2 是网际快车软件的操作窗口。网际快车是因特网上最流行、使用人数最多的一款下载软件之一。

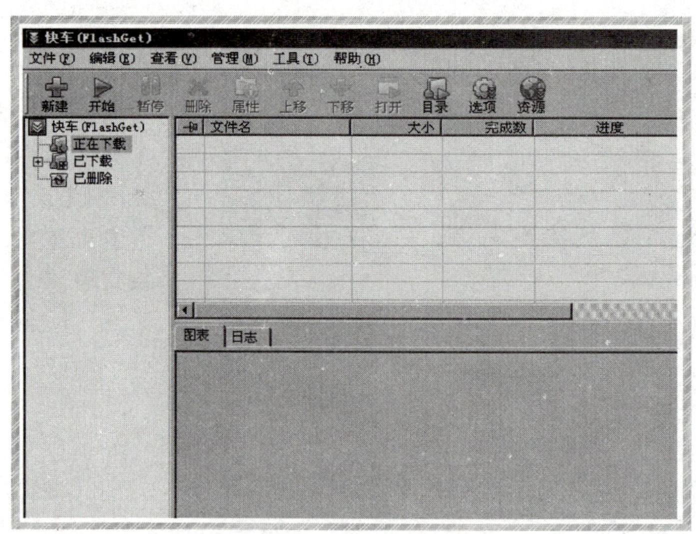

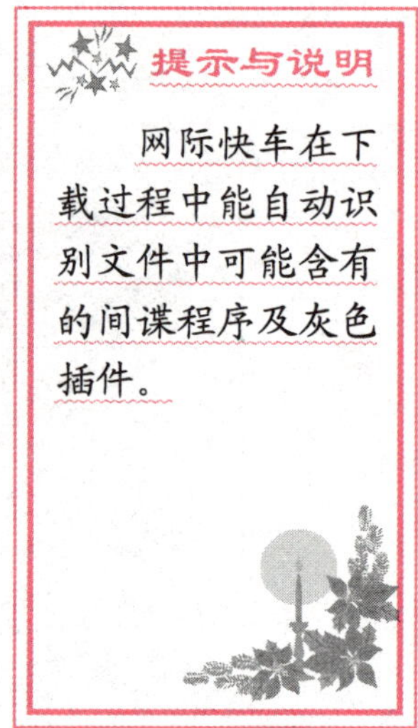

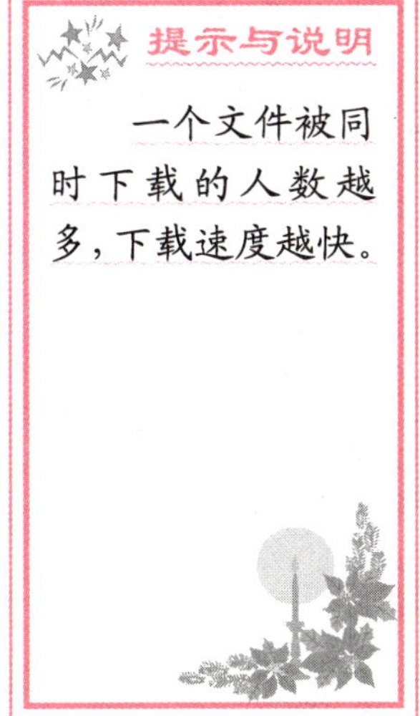

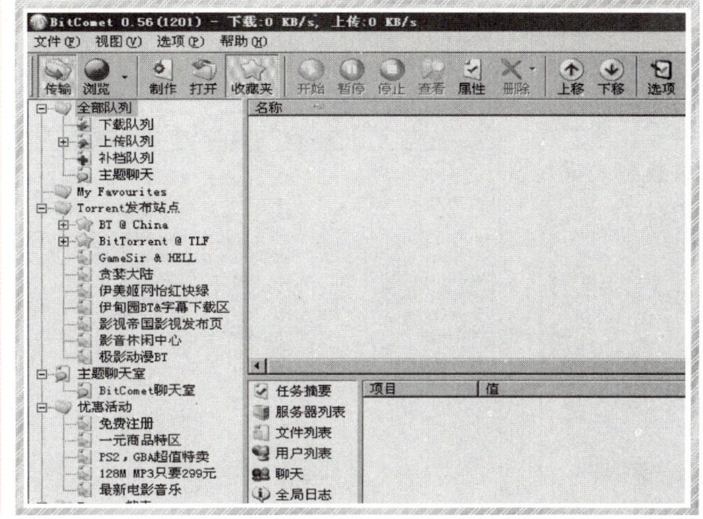

3

图 3 是 BitComet 的操作界面。它是基于 BitTorrent 协议的 p2p 免费软件，具有高效的网络内核，能够多任务同时下载依然保持很少的 CPU 内存占用，支持对一个 Torrent 中的文件有选择的下载；使用了磁盘缓存技术，有效减小高速随机读写对硬盘的损伤；它只需一个监听端口即可满足所有下载需要，自动为不同的链接优化，默认配置即可获得良好性能，自动保存下载状态，续传无需再次扫描文件，作种子也无需扫描文件；支持多 Tracker 协议；拥有多语言界面可供用户自己选择。

图 4 所示的电驴的操作界面，它也是和 BitComet 类似的 p2p 免费软件。电驴使用多个途径搜索下载的资料源，它的排队机制和上传积分系统有助于激励人们共享并上传给他人资源，以使自己更容易、更快速地下载自己想要的资源，其预览功能允许用户在下载完成之前查看自己的视频文件，能在下载时间里类别以组织和管理文件。使用信息及好友系统，用户能传送消息到其他的客户端并可将它们加为自己的好友。有好友上线的话，就能在自己的好友列表中看到他（她）。

4

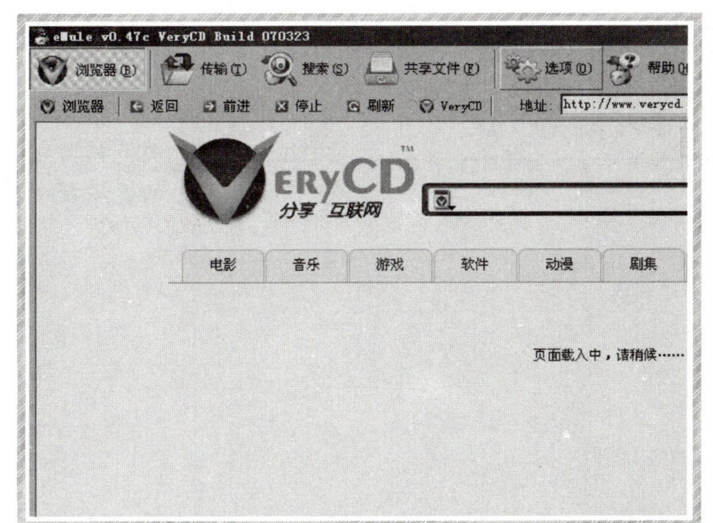

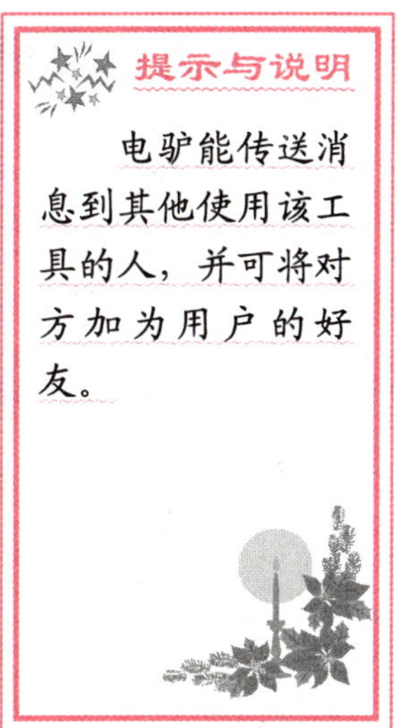

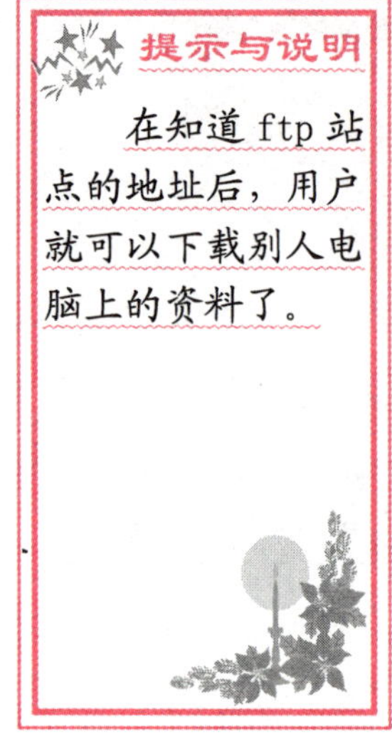

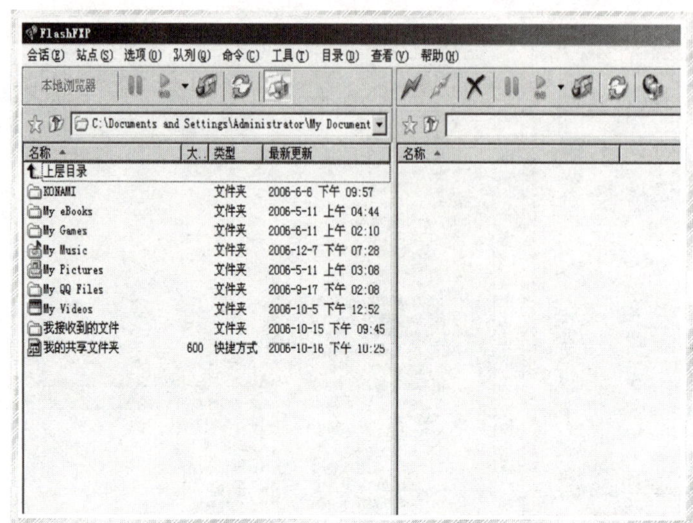

5

图 5 是 FlashFXP 软件的操作窗口，它是一个非常好用且功能强大的 FXP / FTP 软件(FTP 是一种文件传输协议)，融合了一些其他优秀 FTP 软件的优点。它支持文件夹的文件传送、删除，支持上传、下载及文件续传；可以跳过指定的文件类型，只传送需要的文件；可以缓存远端文件夹列表；具有避免空闲功能，防止被站点踢出；可以显示或隐藏具有“隐藏”属性的文件、文件夹；支持每个站点使用被动模式；可以自定义不同文件类型的显示颜色。同时，FlashFXP 可以储存站点并根据用户的喜好命名，下次要用相同站点时，直接点击就可。

图 6 是脱兔软件的操作界面，它采用的是多镜像多线程高速下载。通过使用这种技术，可以保证脱兔高速、有效地帮助用户完成下载任务。当使用的用户越多时，下载的速度就会越快。在下载链接失效的情况下，脱兔能够帮助用户把文件下载的问题成功解决；它具有全新高效的网络内核，快速稳定，高速下载时依然保持很少的 CPU 占用；可限制上传、下载速度，以便更合理地去分配网络资源和运行其他应用程序；具有磁盘缓存技术，有效减小高速下载上传对硬盘的损伤。

6

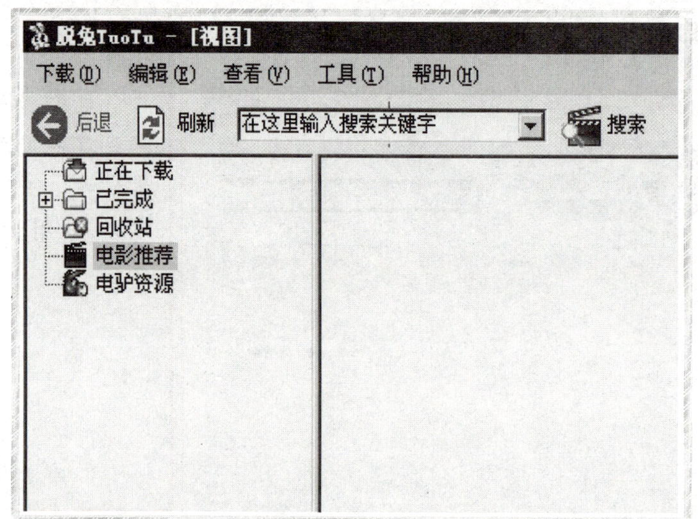

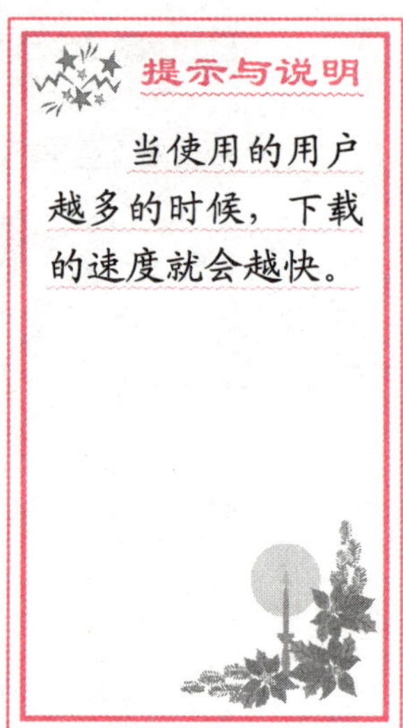

第2章

如何使用迅雷下载

本章要点

☑ 安装迅雷

☑ 如何寻找迅雷下载资源

☑ 如何使用迅雷

☑ 迅雷使用技巧

使用电脑从因特网上下载数据，最看重的就是下载速度。下载速度除了与网络带宽的大小相关，还与下载方式有关，而下载方式又具体体现在所使用的下载软件上。

我们在中学里就学习过成语“迅雷不及掩耳之势”，用来形容速度快得惊人。在这里，刚好就有那么一款叫做“迅雷”的下载软件，单看它的名字，就能联想到很快的下载速度。事实上，迅雷是一款名副其实的高速下载软件，用它下载，不仅下载速度快，而且操作界面很清爽，给人一种微风拂面的感觉。

在这一章中，将要学习使用迅雷来体会下载的“迅雷不及掩耳之势”，以及它清新的操作风格。还等什么呢，让我们开始进入学习吧！

安装迅雷

在上一章中已经学习了怎样用IE浏览器下载资料，并且通过IE浏览器下载了迅雷软件。在这一章，将要学习如何用迅雷下载想要的资料。

如同任何一款软件一样，要使用迅雷软件，就必须先把它安装在我们的电脑上。在本小节中，先来学习怎样安装迅雷，然后再对迅雷进行初步的认识。

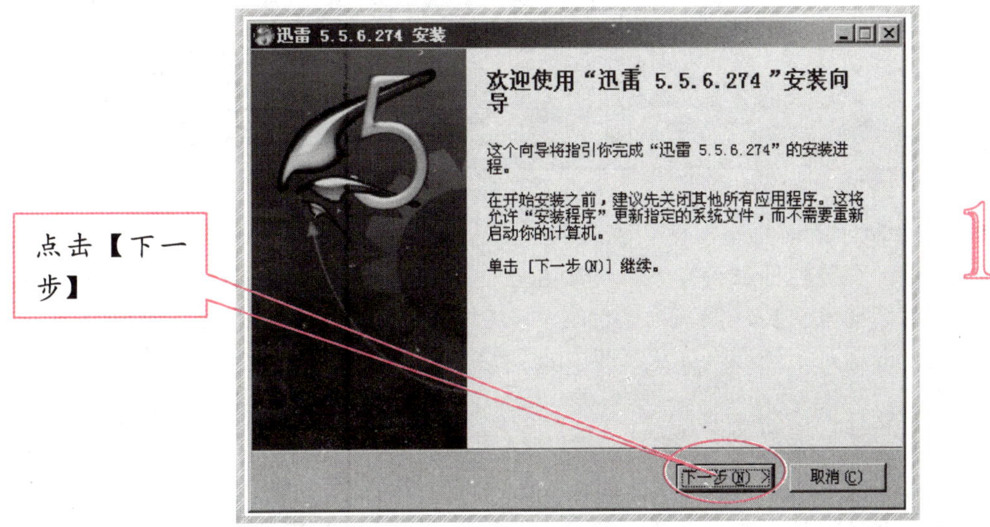

1

1．在上一章中，把下载好的迅雷安装程序存放在E盘的【下载资料】目录下。双击桌面上【我的电脑】图标，按路径打开“E:\下载资料\软件”，双击“Thunder.v5.5.6.274.exe”文件，出现如图1所示的迅雷安装对话框。点击【下一步】。

2．在阅读完“许可证协议”后，点击【我同意】，如图2所示，进入下一步。

2

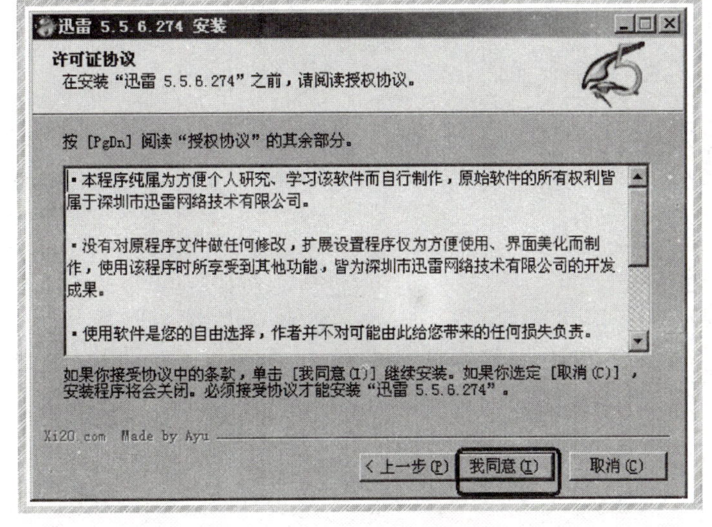

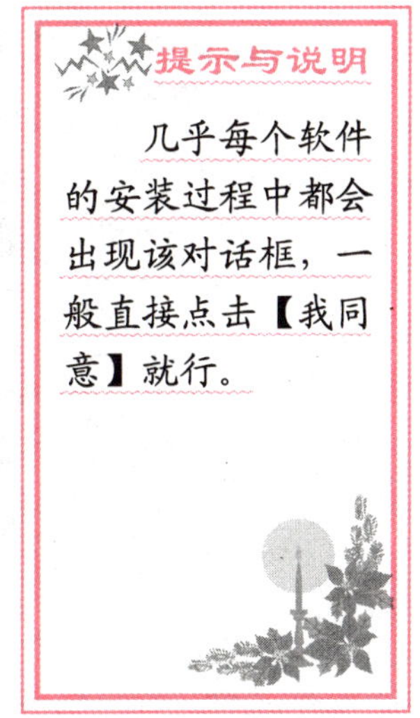

提示与说明

几乎每个软件的安装过程中都会出现该对话框，一般直接点击【我同意】就行。

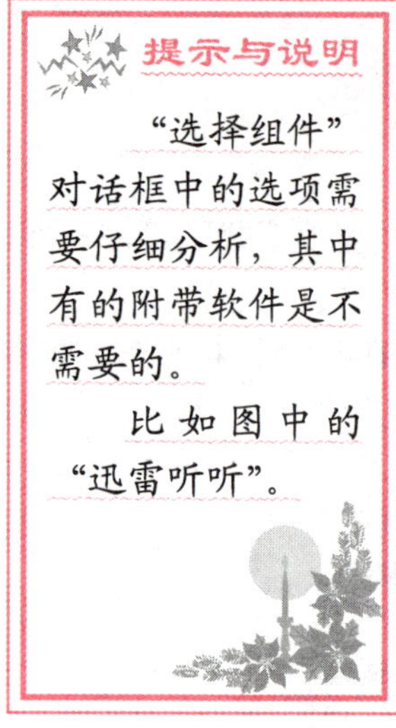

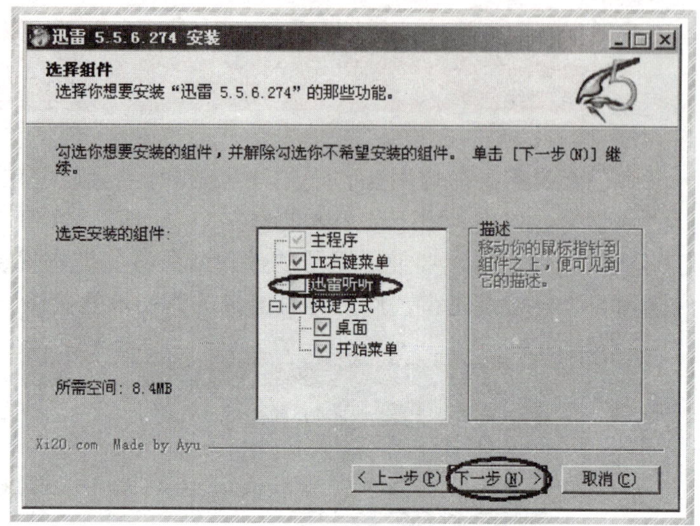

3

3．见到图 3 所示的对话框，就代表进入了"选择组件"对话框。对于部分软件，可以直接进入下一步。有些软件就会自带一些附加软件，而这些自带附加软件有可能根本用不着，如果不进行选择就安装，安装程序会自动安装它们，这样，这些附加程序对用户不仅没有用处，还会占用系统资源。如果长期如此，这些软件在电脑积累过多后，就会降低系统的运行速度。

对于本软件，在"选定安装的组件"对话框中，其中的"迅雷听听"就是对我们没有多大用处的一个软件，可以把该选项左侧的勾选去掉。"IE 右键菜单"一定要勾选。快捷方式中两个选项至少要选择一项，在这里推荐两个都选择。完成选择后点击【下一步】。

4．图 4 是"选择安装位置"对话框，在此对话框中设置迅雷软件安装在用户电脑的路径。软件的默认安装目录一般是"C:\Program Files\"，但笔者推荐不要安装在 C 盘下，因为 C 盘一般为系统盘，为安全起见应尽量避免在 C 盘安装应用软件。点击【浏览】，可以选择想要放置软件的路径。选择好安装路径后，点击【安装】，进入安装。

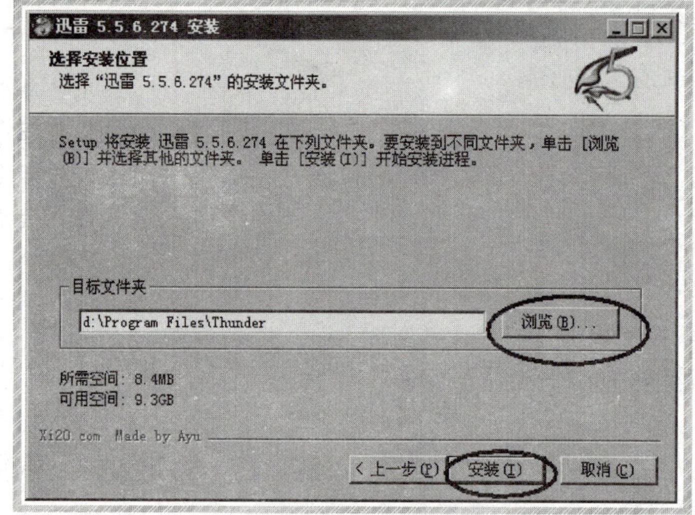

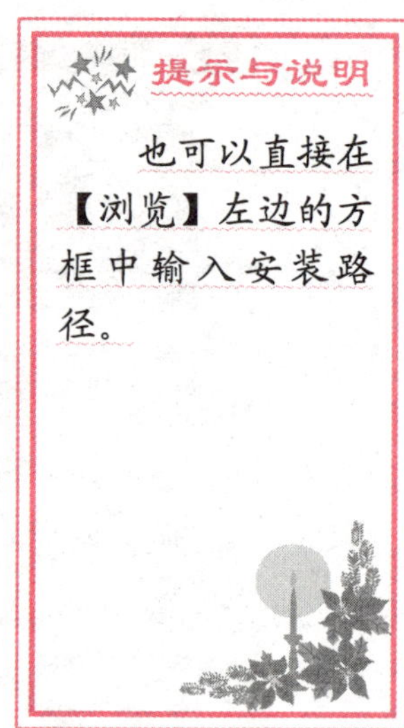

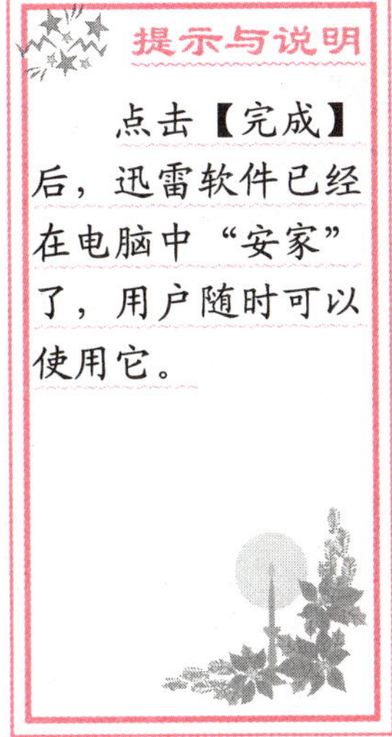

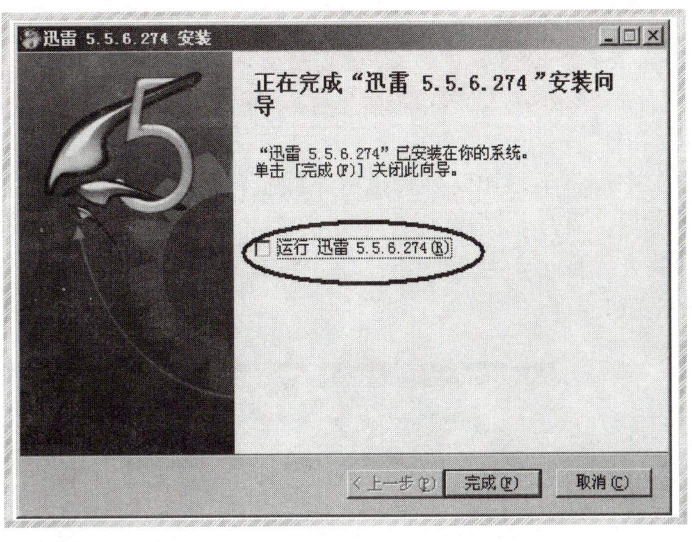

5

5．在上一步点击【安装】后，就开始安装迅雷了，这时会出现安装进度对话框，进度条会显示安装的进度。当进度条填满后，代表软件安装完成，将会出现如图5所示的对话框。

如果用户想关闭该对话框后直接运行迅雷，勾选“运行迅雷 5.5.6.274”后点击【完成】，电脑就会自动运行迅雷软件。如果不想在关闭对话框后运行迅雷，则将“运行迅雷 5.5.6.274”前的钩去掉，再点击【完成】。在这里选择关闭对话框后不运行迅雷。到这一步为止，迅雷已经安装在用户的电脑中了。

6．安装完成后，安装对话框关闭，会发现桌面上多了一个名为“迅雷”的图标，双击该图标就可以启动该软件。

另外，点击桌面左下角的【开始】|【所有程序】|【迅雷】|【启动迅雷】，通过这种方式同样可以启动迅雷。对于喜欢桌面干净整洁的用户来说，在本小节的步骤3中，可以把“桌面”前的小钩去掉，只选择“开始菜单”，可以用第二种方式启动迅雷。当然，可以直接找到迅雷存放的地方，再点击可执行文件。

6

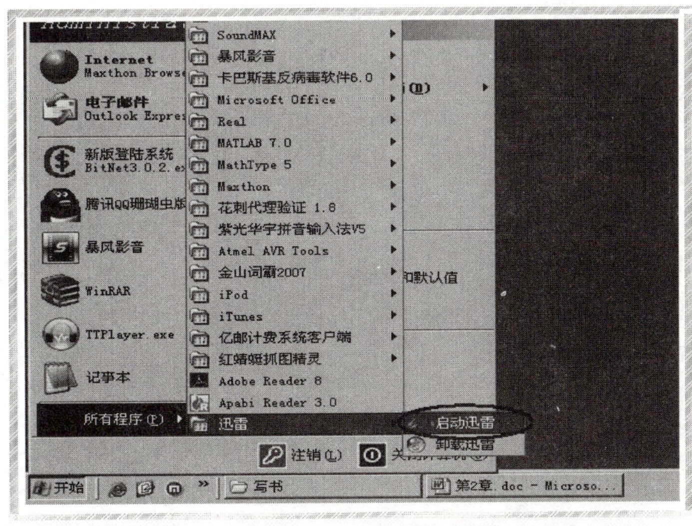

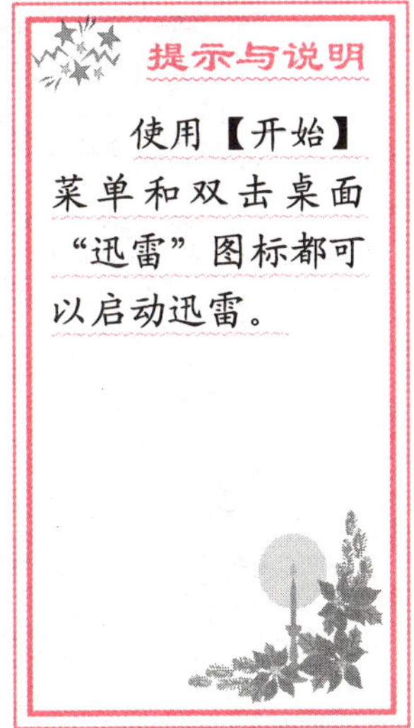

如何寻找迅雷下载资源

在这一节中，将学习如何寻找迅雷下载资料。

开启迅雷后，首先看图 1 中左下角的“雷友信息”部分。一般而言，首先需要注册迅雷用户的“雷友”账号，当然，不注册也没关系，仍然可以免费使用迅雷下载，但注册了可就好处多多哦！

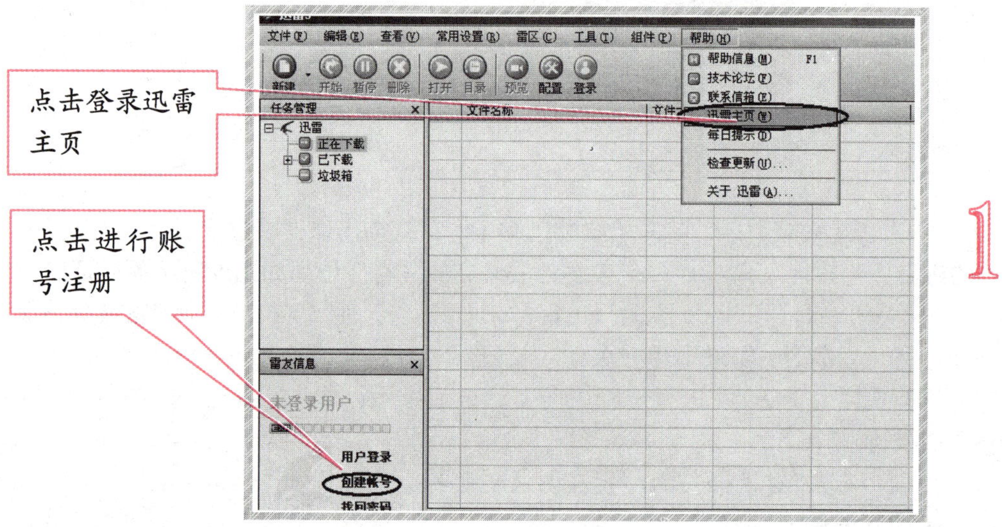

点击“雷友信息”部分的【创建账号】，进入如图 2 的注册账号页面。注册过程和大部分网络账号的注册过程相同，只要按照提示填写信息就可以完成注册。每次启动迅雷后，先用“雷友信息”中的【用户登录】登录。登录后再下载有几个好处：更快的下载速度；下载越多，积分越多，等级越高，免费下载资源更多，远高于普通未注册的用户，有增值服务。

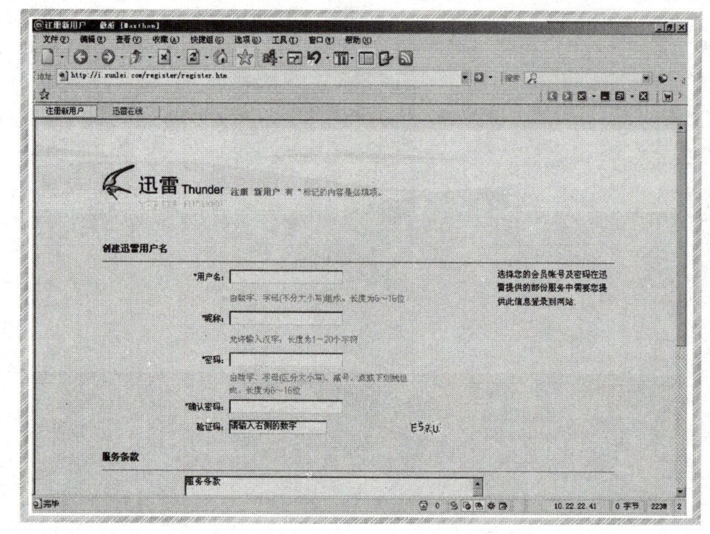

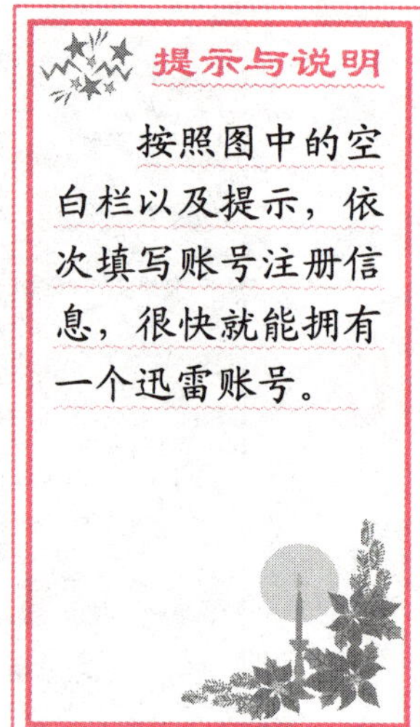

提示与说明

迅雷主页上有时下最流行、最热门的资料，如最新上映的电影、最流行的歌曲……

通过迅雷主页可以了解下载时尚风向标。

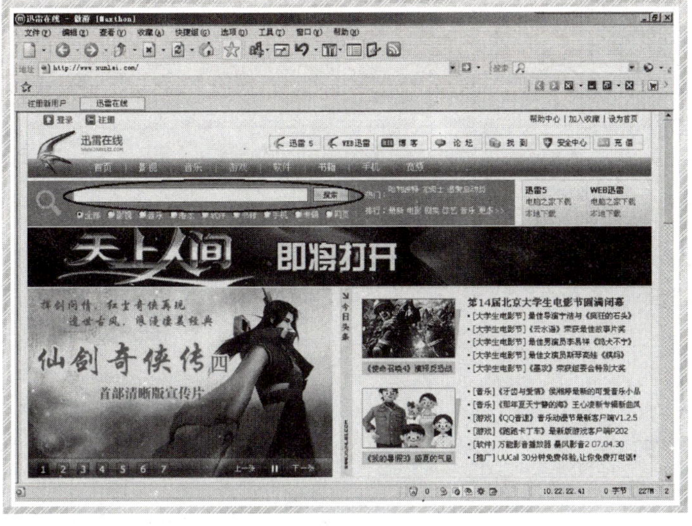

3

在迅雷窗口（见图 1）中依次点击【帮助】|【迅雷主页】，就可以登录迅雷主页。通过登录迅雷主页，浏览现在最热门的下载资料，这是寻找迅雷下载资源的一个重要途径。迅雷主页推荐了时下网民最关注的下载资料，可以通过浏览页面并点击感兴趣的项目来了解该资料。迅雷主页还提供了一个搜索窗口，如图 3 画圈部分。通过搜索窗口，我们可以直接搜索感兴趣的资料。在搜索窗口中输入想寻找的资料，并点击【搜索】，就可以搜索和输入信息相关的资料。在搜索窗口的下面还列出了分类选项，先选择分类，再搜索，可以减小搜索的范围，提高搜索资料的效率。

当然，提到搜索引擎不能不介绍两个强大的搜索工具——百度和谷歌（Google），图 4 是百度搜索窗口，是使用率较高的资源搜索工具，用百度几乎可以搜索到大部分想要的资源。只要在浏览器地址栏中输入 www.baidu.com 就可进入百度页面。通过百度的分类列表（搜索栏下面）可以缩小搜索范围。

同样的，使用 Google 进行搜索，只要登录“www.google.com”就可进入它的页面。

4

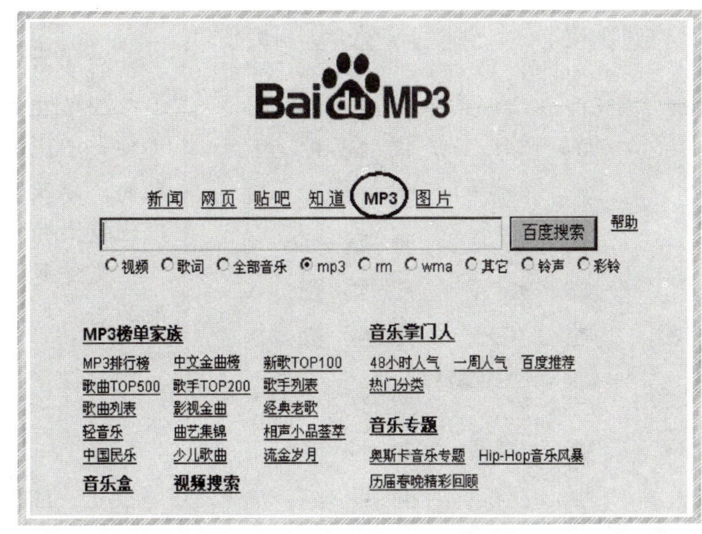

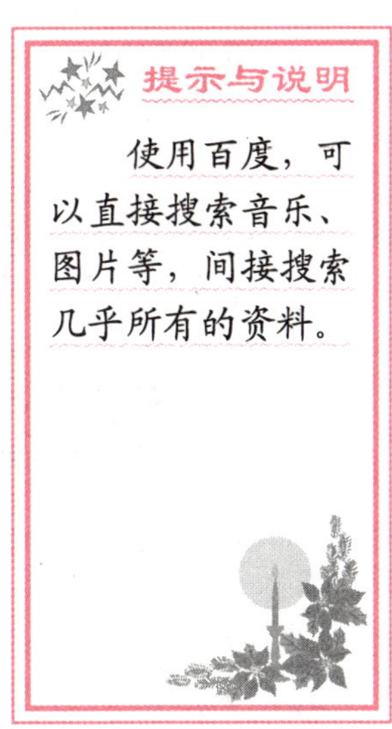

提示与说明

使用百度，可以直接搜索音乐、图片等，间接搜索几乎所有的资料。

如何使用迅雷

在有了前两节的准备工作之后，就可以学习如何使用迅雷来下载资料了。

第一次启动迅雷，会弹出提示框，询问是否将迅雷设置为浏览器默认下载工具，为了方便下载，请选择将迅雷设置为浏览器默认下载工具。在本节中，将通过用迅雷下载一首当前流行歌曲《菊花台》，来学习如何使用迅雷下载资料。

1

1．首先登录百度页面，点击【MP3】，进入百度 mp3 搜索窗口，如图 1 所示。在搜索栏中输入歌名“菊花台”，点击【百度搜索】，开始搜索音乐文件。

2．接着就进入图 2 所示的搜索结果页面，列出所有歌曲《菊花台》的链接。我们可以把鼠标移动对准其中一个，停留一会儿后会出现如图中所示的“下载”标签并点击它。

欢乐谷：神奇百变魔力无限　我爱的明星我来顶　情色美女章小蕙作风够大胆　正版手机

以下内容系自动搜索的结果,排列及分类仅为方便使用,百度与内容的出处无关。使用前,请参阅权利声明。

	歌曲名	歌手名	专辑名	试听	歌词	铃声	大小
1	菊花台	周杰伦	依然范特西	试听	歌词	铃声	6.7 M
2	菊花台	周杰伦	依然范特西	试听	歌词	铃声	6.2 M
3	菊花台 下载	周杰伦	依然范特西	试听	歌词	铃声	3.7 M
4	菊花台·清音回集·七七收藏	周杰伦	依然范特西	试听	歌词	铃声	6.2 M
5	菊花台	周杰伦	满城尽带黄金甲片尾曲	试听	歌词	铃声	4.5 M
6	菊花台	周杰伦	依然范特西	试听	歌词	铃声	6.7 M
7	菊花台	周杰伦	依然范特西	试听	歌词	铃声	6.7 M

2

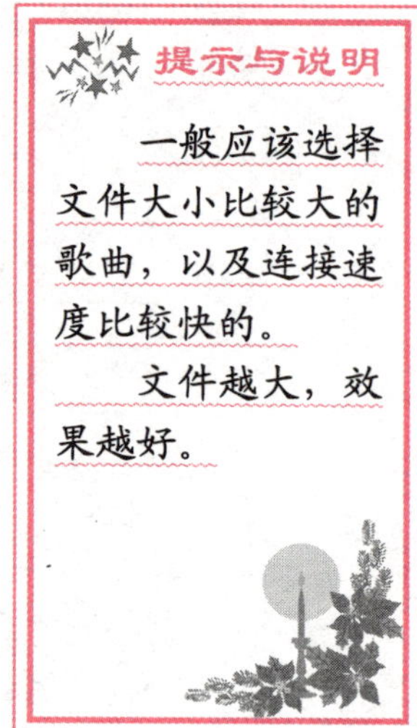
提示与说明

一般应该选择文件大小比较大的歌曲，以及连接速度比较快的。

文件越大，效果越好。

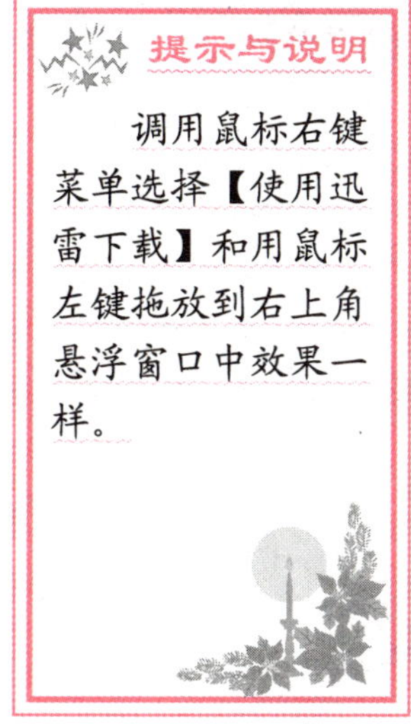

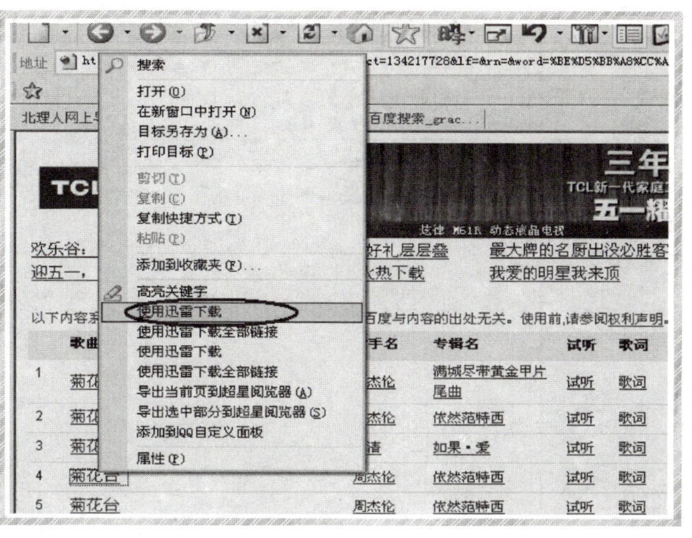

3

3．除了上面一种方法外，还有另外两种方法可以调用迅雷开始下载。一种是选择其中一个《菊花台》，将鼠标移动到对准，点击右键，弹出如图3所示的菜单，点击【使用迅雷下载】。

另一种方法是：在启动迅雷后，一般在屏幕的右上角可以看到一个蓝色的正方形悬浮窗口。把鼠标移动到想要下载的《菊花台》，点击左键并保持不放，再把鼠标拖放到蓝色悬浮窗口中。

4．执行以上三种方法中的任何一种，都会调出如图4所示的“建立新的下载任务”窗口。其中“网址”一栏不用理会，需要关注的是“存储目录”和“另存名称”。为了管理方便，这里点击【浏览】来修改存放目录，因为下载的是音乐文件，把存放目录修改为“E:\下载资料\mp3”。至于“另存名称”，可以更改该栏的名字，文件下载完成后，它就会以修改后的名字存储在目标文件夹中。注意，可以更改文件名中“.”以前部分，不要更改扩展名，本例中即“.mp3”。设置完成后，点击【确定】。

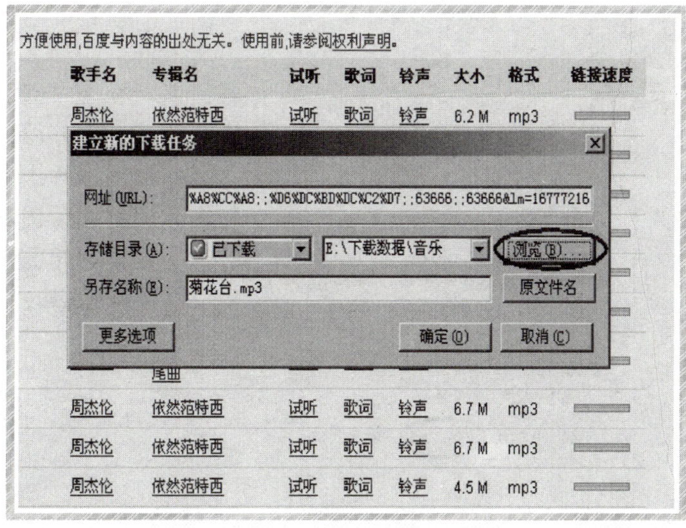

4

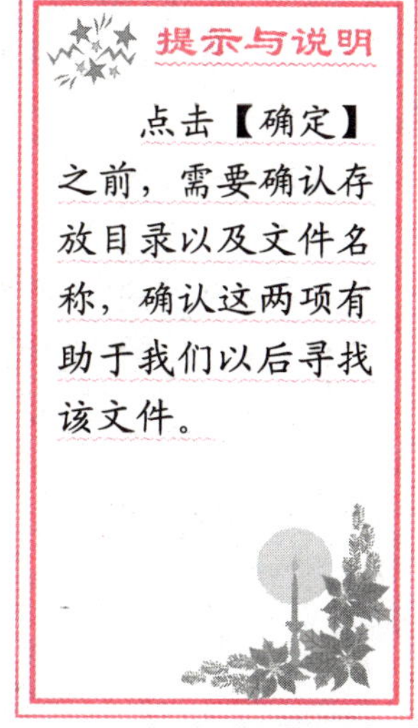

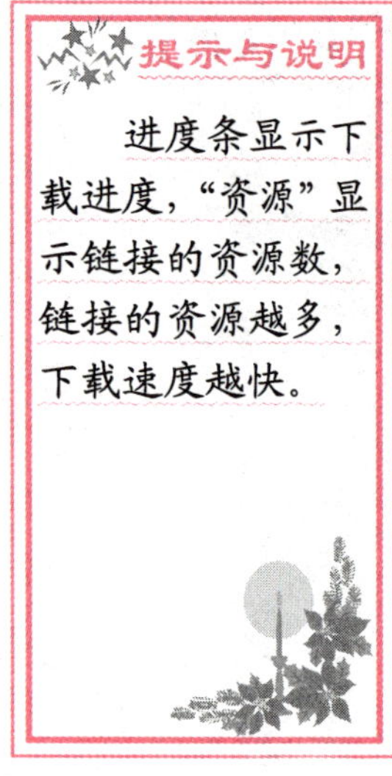

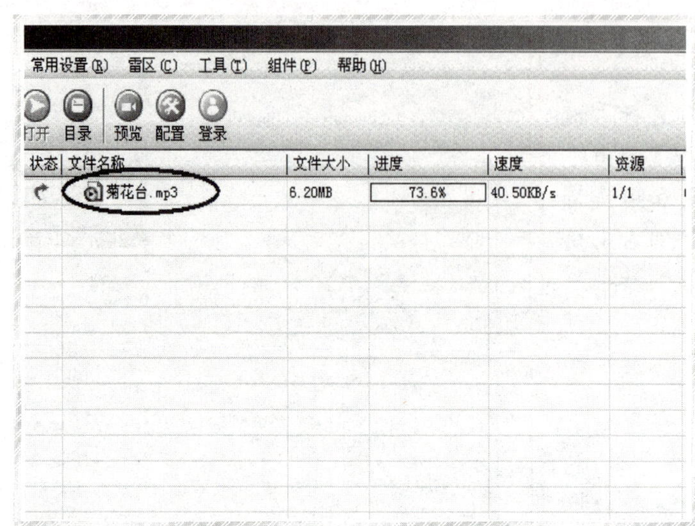

5

5．点击【确定】后，在迅雷窗口的任务栏中就会出现《菊花台》的下载信息。其中列出了状态、文件名称、文件大小、进度、速度、资源等信息。其中的“资源”栏，比如说，对于《菊花台》的“资源”栏显示“10/28＋6”，意味着现在链接到的资源是28+6个，就是34个资源，但可用资源只有10个，一般来说可用资源越多下载速度越快。

现在文件《菊花台》处于正在下载的状态，点击迅雷界面中左上部分的“任务管理”中的【正在下载】就能看见它的信息。

6．在下载过程中，用户可以去干其他事情，文件下载完成后，也就是进度条达到100%时，迅雷会自动播放提示音，表示下载完成。这时，只要到 “任务管理”中点击【已下载】就能看到文件《菊花台》。这时我们可以把鼠标移动到《菊花台》那一栏上，停留一会儿，就会出现如图6中所示的黄色半透明菜单。该菜单列出了有关该文件的几乎所有下载信息，如果想要直接播放《菊花台》，就把鼠标移动到【打开文件】并点击，如果想要打开存放《菊花台》的文件夹，就点击【文件所在目录】，很方便吧！

6

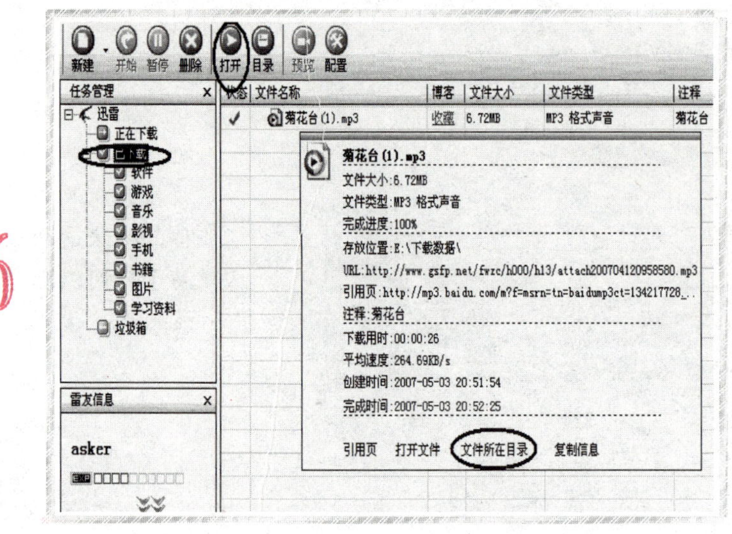

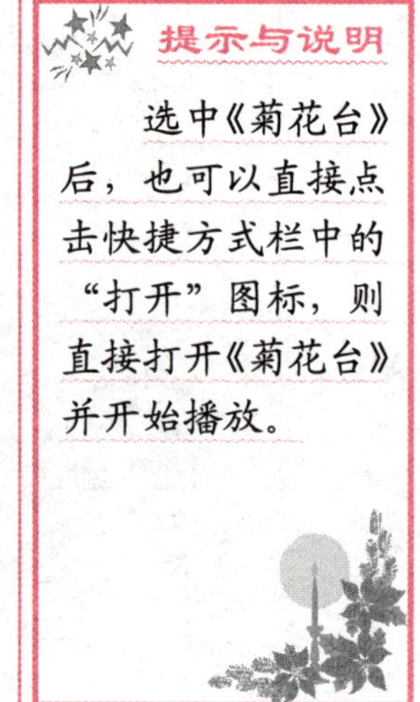

迅雷使用技巧

在上一节我们学习了使用迅雷下载资料的基本方法，只要掌握这些方法，就可以用迅雷下载任何资料了。但是，使用迅雷还有一些技巧，这样可以大大提高下载资料的效率。

在这一节中，将学习使用迅雷时的一些常用技巧。按上一节的步骤，每次下载时都要设置存放路径，很麻烦，有没有一种一劳永逸的方法呢？答案是：有！

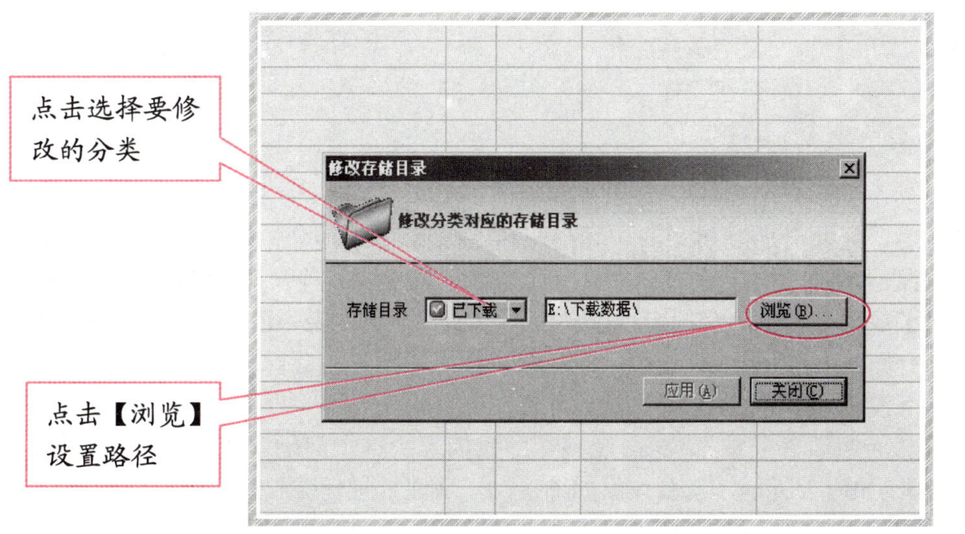

单击迅雷窗口中【常用设置】|【存储目录】，出现如图1所示的对话框，在这个对话框中，可以修改“任务管理”中“已下载”里面的各个分类存放的默认路径。选择要修改的分类，点击【浏览】设置路径，再点击【应用】，这样逐一设置好后点击【关闭】。下次下载文件弹出“建立新的下载任务”对话框时，直接点击图2中画圈部分即可。

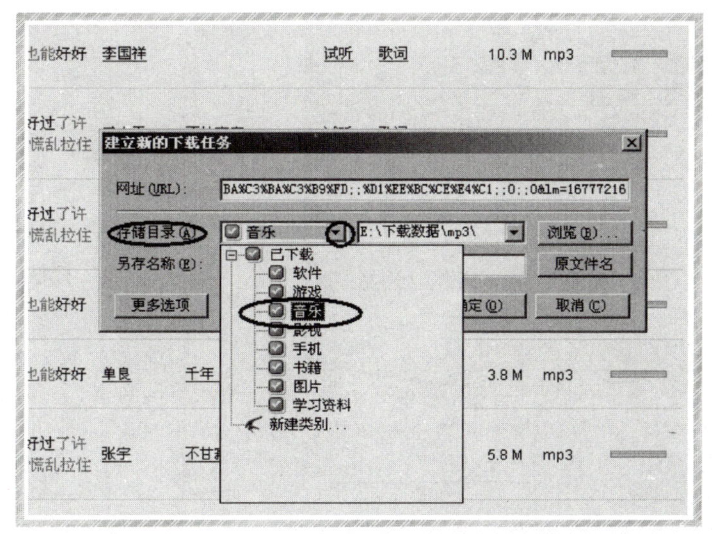

提示与说明

每次下载出现“建立新的下载任务”对话框后，直接选择该下载文件的分类即可存入预先设置好的路径，省去了每次设置路径的麻烦。

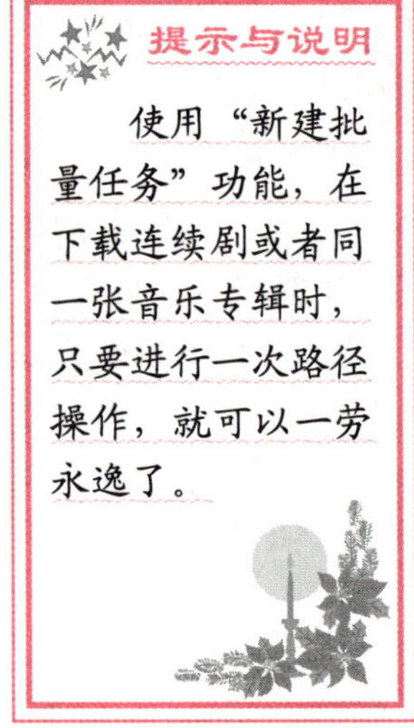

提示与说明

使用“新建批量任务”功能，在下载连续剧或者同一张音乐专辑时，只要进行一次路径操作，就可以一劳永逸了。

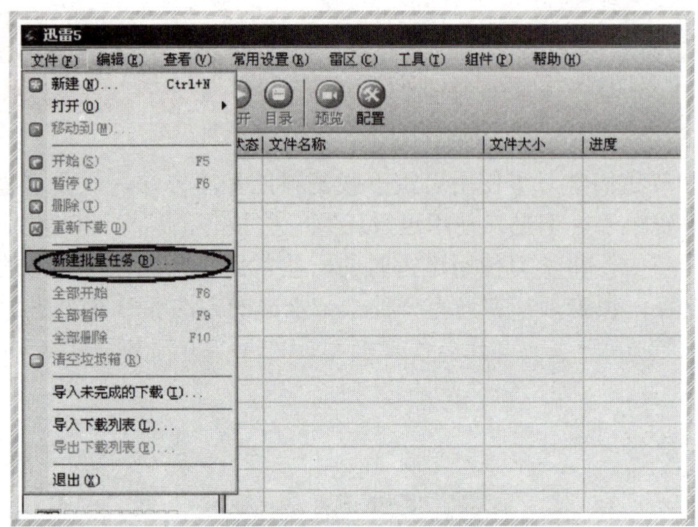

3

在下载数据时，经常会遇到要下载一系列资料，比如电视连续剧、动画片、一张音乐专辑中的所有歌曲，一部电影的A、B碟……用常规的方法就是一个一个添加到下载任务列表中。这样做对于数目比较少的情况可以手动慢慢添加到下载列表，但是对于40、50集的电视连续剧、100集以上的动画片，通过手动下载不仅是一项无聊乏味的工作，而且会浪费大量的时间，丝毫没有效率。

迅雷有一项功能叫做“批量下载”，能够帮助我们解决这个问题。依次点击【文件】|【新建批量任务】，如图3所示，就会弹出如图4的“新建批量任务”对话框。假如笔者想下载不久前在央视热播的《贞观长歌》，笔者已经找到下载地址为 www.aaaa.com/贞观长歌(*).rmvb(此地址为虚构)，那就可以在该对话窗口的“URL”栏中填入 www.aaaa.com/贞观长歌(*).rmvb，《贞观长歌》共有82集，就在下一栏中填入从01到82，“通配符长”一栏中填入“2”，因为共82集，“82”有两个字符，如果有150集，则填入“3”。填写完毕后点击【确定】。后面的步骤按照前面学到的方法设置，最后迅雷就会自动下载全部集数。

4

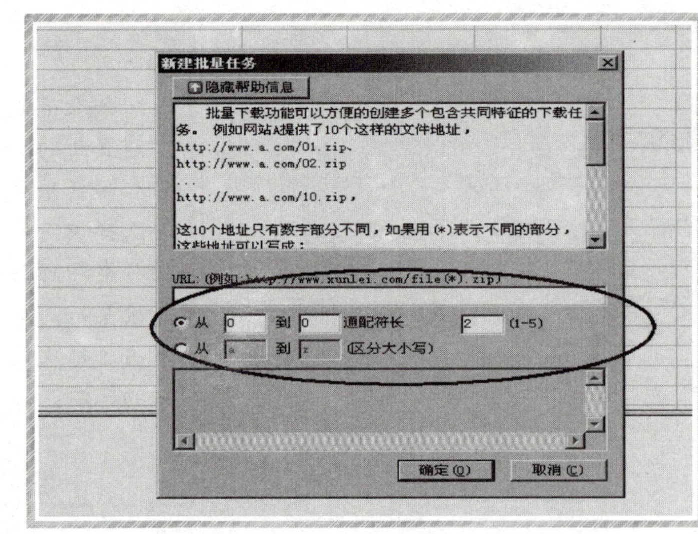

提示与说明

在URL栏中填入地址时，在贞观长歌后应该写“(*)”，即括号加星号，不要写具体的集数。填写不规范时，窗口会提示你更改。

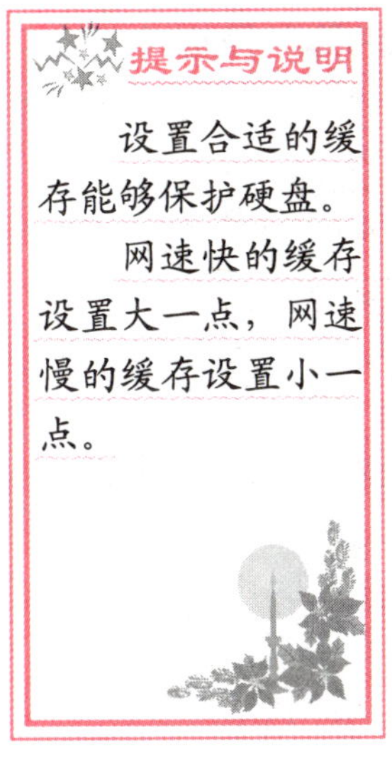

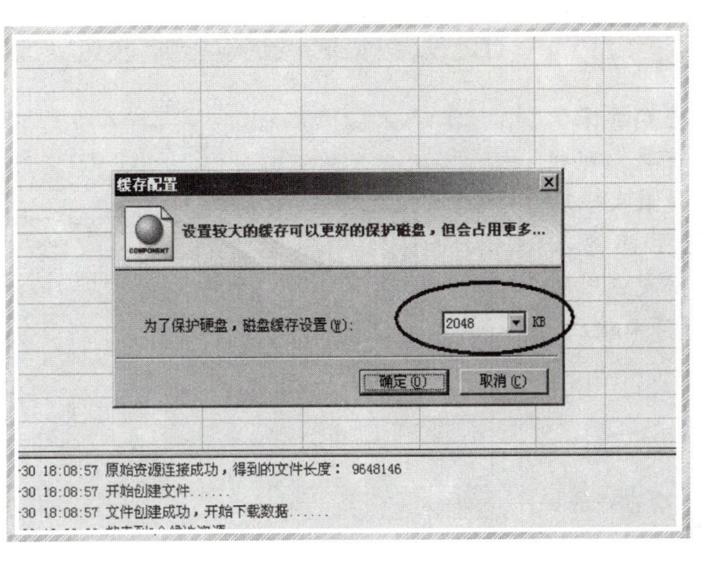

5

迅雷使用了磁盘缓存技术，能够减少下载时对硬盘的读写次数，从而达到保护硬盘的目的。现在一般家庭用户的网络速度都很快，如果缓存设置得很小的话，有很大的可能会对硬盘频繁地进行读写操作，时间长了，会对硬盘读写磁头不利。事实上，只要单击【常用设置】|【配置硬盘保护】|【自定义】，然后在打开的如图5所示“缓存设置”窗口中，设置相应的缓存值，如果网速较快，设置得大些。如果网速较慢，则设置得小些。建议值为2048kB。不要把缓存的值设置过大，如果缓存设置的过大，您的网速实际上使用不了那么多缓存，这样不但浪费了资源，而且会使电脑在启用迅雷后可用的空闲缓存减少，在处理别的任务时速度降低。

如果我们觉得使用迅雷很方便，可以把迅雷设置为浏览器默认下载工具（系统一般把IE下载设置为默认下载工具）。这样在浏览器中单击相应的链接，将会自动启动迅雷进行下载。在迅雷窗口中依次点击【工具】|【浏览器支持】|【迅雷作为IE默认下载工具】,如图6所示，即可完成设置。

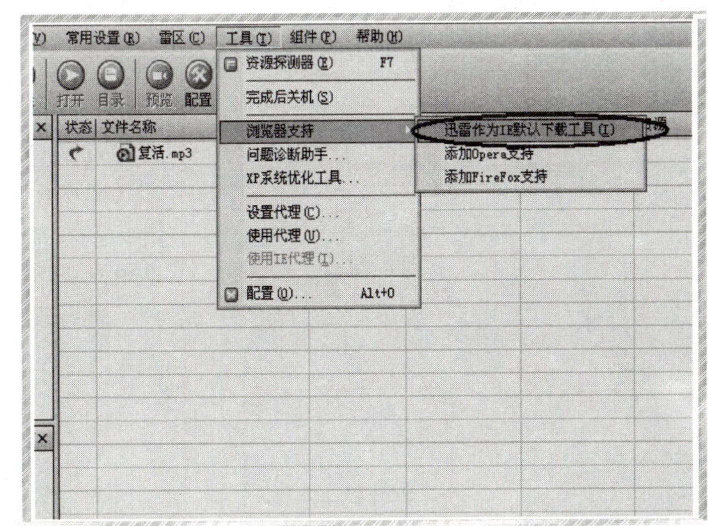

6

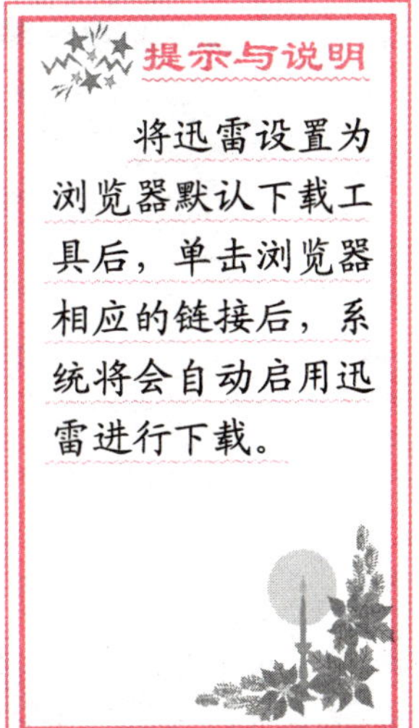

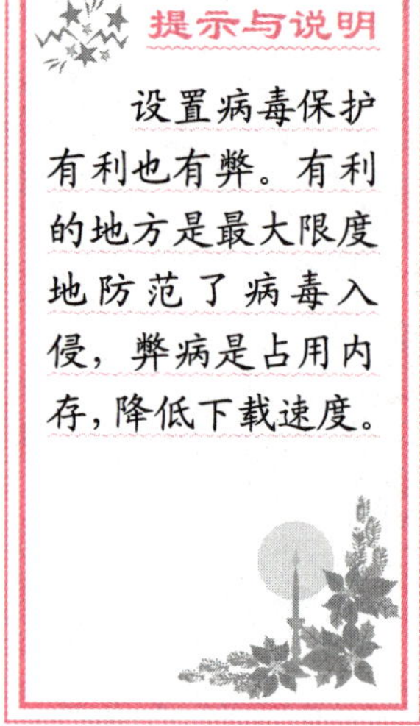

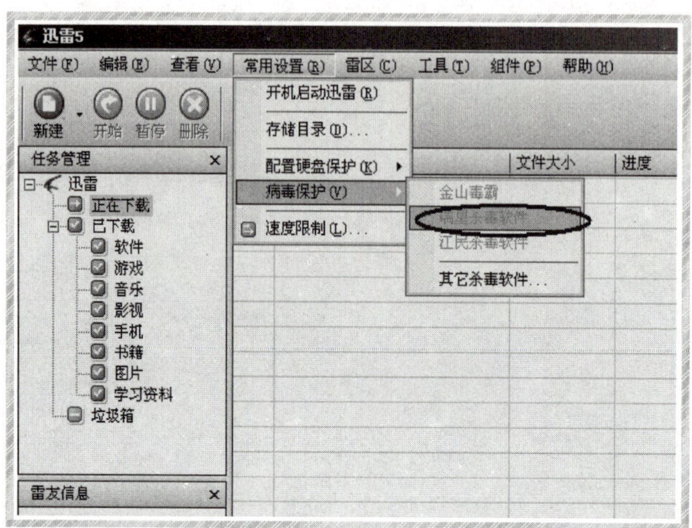

7

现在网络上病毒肆虐，需要小心防范。迅雷提供了一个方便的功能，能够在文件下载完成后自动扫描病毒。依次点击迅雷窗口中的【常用设置】|【病毒保护】，如图7所示，迅雷有几个默认杀毒工具选项，分别是金山毒霸、瑞星、江民，如果您的电脑中安装的是以上其中一个杀毒软件，直接点击该项目就可以完成设置。如果您所用的杀毒软件（如卡巴斯基）没有列出，点击【其它杀毒软件】即可。

比如，笔者的杀毒软件是卡巴斯基，点击【其它杀毒软件】后，弹出如图8所示的“配置”对话框，首先勾选“下载完成后查杀病毒”，然后点击【浏览】，将卡巴斯基存放的位置找到，点击【确定】填入空白处。注意，用“浏览”一定要找到卡巴斯基可执行文件，也就是扩展名为“.exe”的文件。对于本例的情况，具体文件名为“avp.exe”。

但是，完成后查杀病毒会使下载文件的进度条在99.9%处停止，并且发现电脑的硬盘指示灯不停闪烁，这表明实际文件已经下载完成，存放在电脑内存中，正在进行病毒扫描，这会降低电脑运行速度。

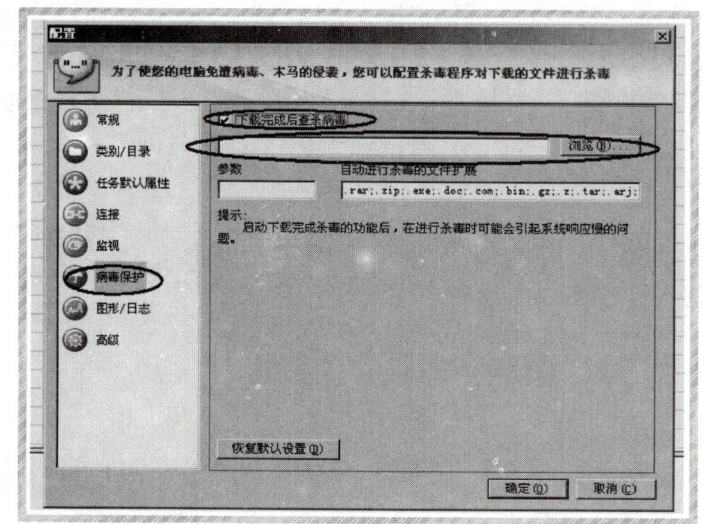

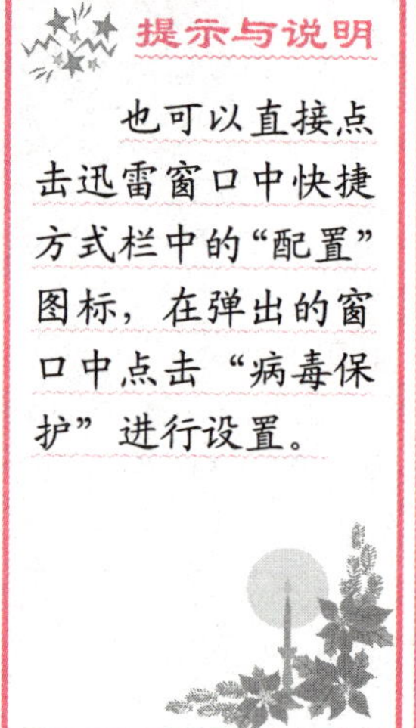

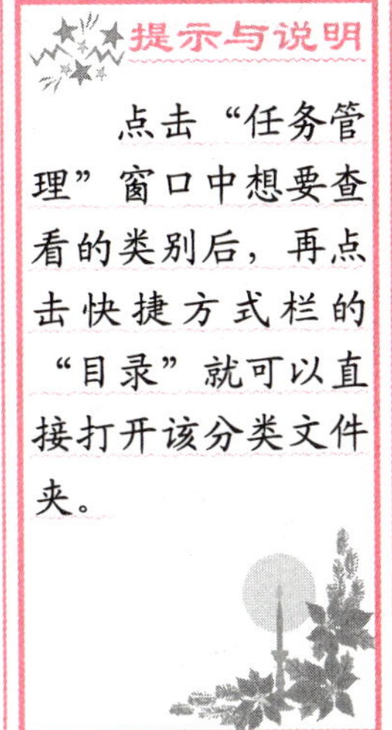
提示与说明

点击"任务管理"窗口中想要查看的类别后，再点击快捷方式栏的"目录"就可以直接打开该分类文件夹。

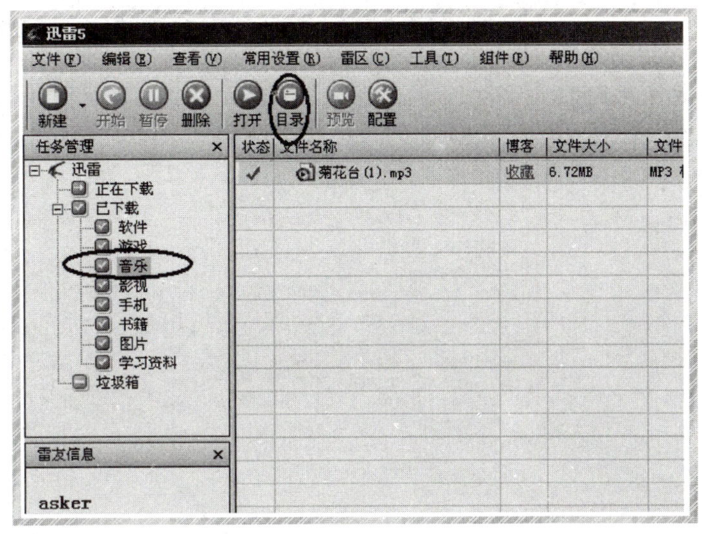

9

在下载了资料后有时会忘记是否曾经下载过现在想要下载的文件，比如，由于下载的文件太多，我们忘记了是否下载过某个软件的某个版本，这时就需要到存放该类文件的文件夹查看是否有这个软件。按照一般的方法是打开桌面"我的电脑"，再一步一步打开目标文件夹。迅雷为我们提供了一种方便的方法。比如，现在想查看"软件"分类的文件夹，就点击"任务管理"窗口中的"软件"分类，"软件"字样改变背景颜色表示选中，再点击快捷方式栏中的"目录"图标，如图9所示，就能直接打开电脑中的"软件"文件夹，很方便。

迅雷具有拖拽功能，能够将下载好的文件从一个类别中拖入另外一个类别中。比如，我们想把《菊花台》从"音乐"类别中拖入"手机"类别中，首先点击"任务管理"窗口中的"音乐"类别，看到文件《菊花台》，将鼠标移动并对准"菊花台"，点击左键不放，然后移动鼠标到"手机"类别上，看到"手机"字样背景颜色改变，说明选中了"手机"，此时放开鼠标左键，同时弹出如图10所示的对话框，询问"是否同时移动文件"，点击【是】，完成移动。

10

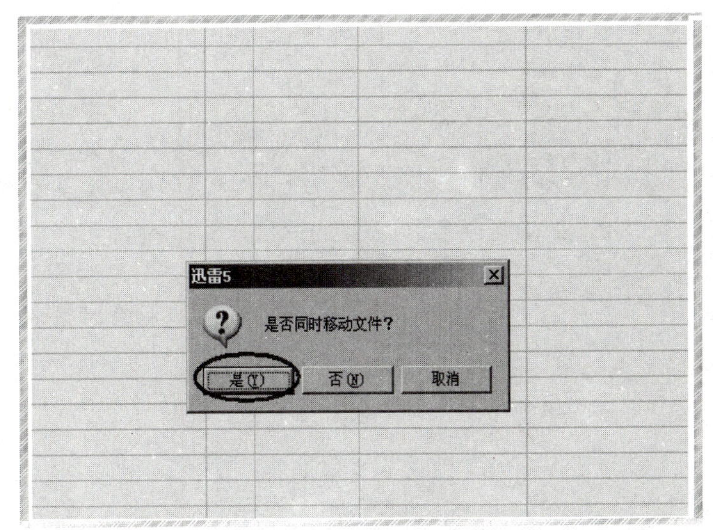

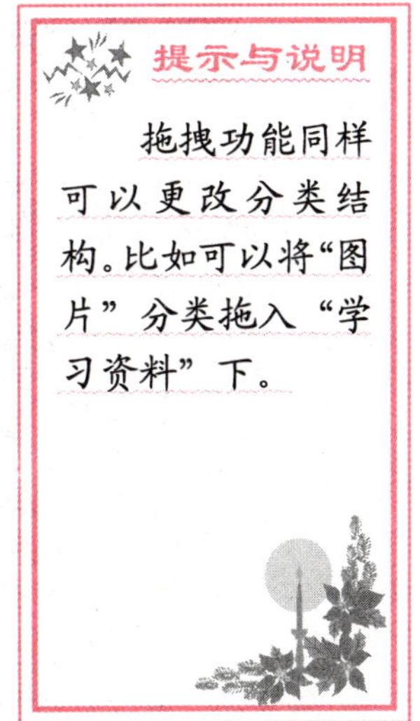
提示与说明

拖拽功能同样可以更改分类结构。比如可以将"图片"分类拖入"学习资料"下。

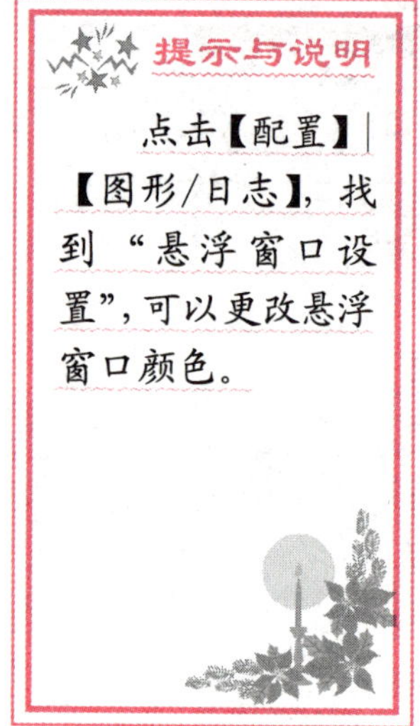
提示与说明

点击【配置】|【图形/日志】，找到“悬浮窗口设置”，可以更改悬浮窗口颜色。

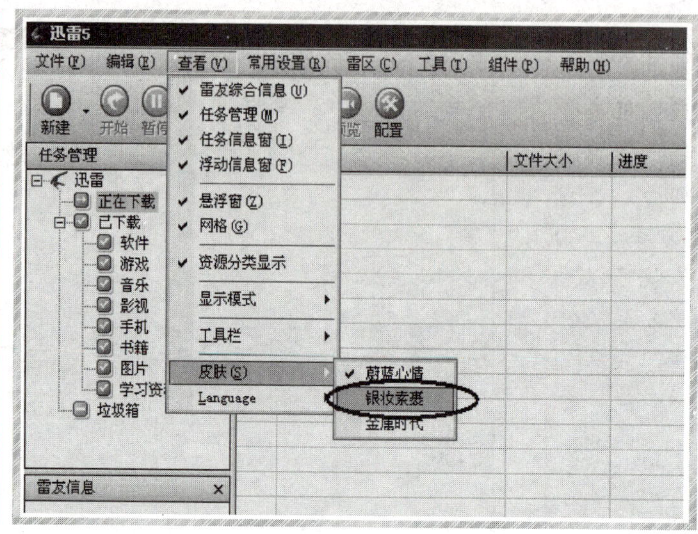

11

安装迅雷后，每个用户电脑上的迅雷界面都是一模一样，千篇一律。喜欢个性的用户可能会抱怨迅雷用户界面太单调。不用着急，迅雷为我们的个性化留有了一些空间。首先，可以改变迅雷的“皮肤”，依次点击【工具】|【皮肤】，如图 11 所示，可以看到迅雷列出了 3 种可选择的皮肤，一一试用后选择最喜欢的。

用户还可以更改悬浮窗口的颜色，点击快捷方式栏上的“配置”图标，在弹出的窗口中点击“图形/日志”图标，找到“悬浮窗口设置”中的选项，选择喜欢的颜色搭配，更改“背景色”和“前景色”，点击【确定】就可完成悬浮窗口个性化设置。

为了提高下载速度，大家一般在晚上下载大量资料，因为晚上使用网络的人少，下载速度快。我们不可能一晚上守在电脑前等待下载完毕后关机，如果任电脑开着去睡觉又会浪费电资源。其实大家大可不必担心这个问题，迅雷能够在下载完成后自动关机。只要依次点击迅雷窗口中【工具】|【完成后关机】，如图 12 所示，在“完成后关机”前会出现一个小钩，这时就启用了迅雷在完成后自动关机的功能，多么环保啊！

12

提示与说明

晚上下载完成后自动关机是一个既方便又环保的功能。

但是当人在电脑旁时设置自动关机是不合适的。

第3章

如何使用网际快车下载

本章要点

- ☑ 初识网际快车
- ☑ 如何寻找网际快车下载资源
- ☑ 如何用网际快车下载数据
- ☑ 网际快车使用技巧

在平时的生活中，是不是觉得火车要比汽车快得多，火车不会像汽车那样经常遇到堵车，而且火车还是有专线的，在火车中最快的又是磁悬浮列车，这可谓是真正的“快车”，坐磁悬浮列车可谓是又快又稳。要是在网上下载资料也能像磁悬浮一样又快又稳，那该多好啊！

幸运的是，有下载软件网际快车（FlashGet），能够让我们在网上下载资料时有坐磁悬浮快车的感觉。网际快车是另外一款优秀的下载软件，它的使用率和迅雷不相上下。

网际快车，软件如其名，用它下载资料时的确有坐快车的感觉，那可不是一般的快哦！

快车要起航了，请大家上车……

初识网际快车

网际快车也是网络上流行的下载软件之一，一般的网络用户都会在自己的电脑上配备网际快车或者是迅雷。至于选择网际快车还是迅雷，全凭个人使用习惯和爱好。

在这一章中，我们将学习使用网际快车，了解网际快车的一些功能，并通过一个下载实例来掌握这些功能。

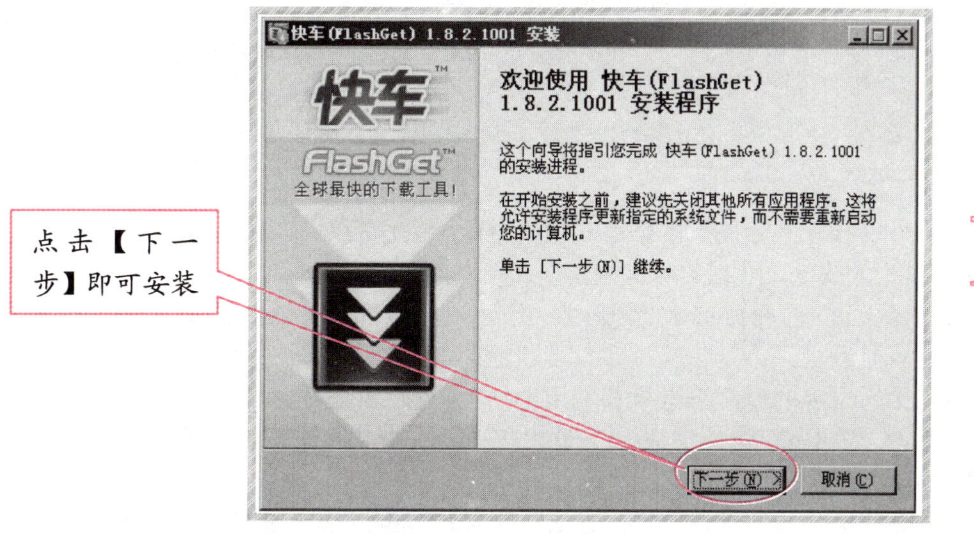

1

和迅雷一样，要使用网际快车就必须先将它安装在我们的电脑上。在学习了使用迅雷后，可以用迅雷练习在网上下载网际快车的安装文件。下载完成后，点击网际快车的安装文件（文件名一般为 flashget***.exe,其中“*”代表版本号)，进入如图 1 的界面，安装过程与迅雷的安装类似。在图 2 的界面中，一般把“开机自动运行”的钩去掉。点击【下一步】。

2

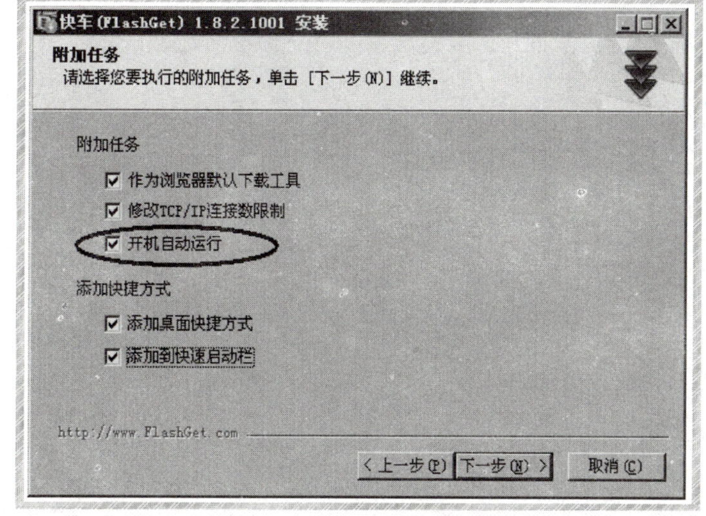

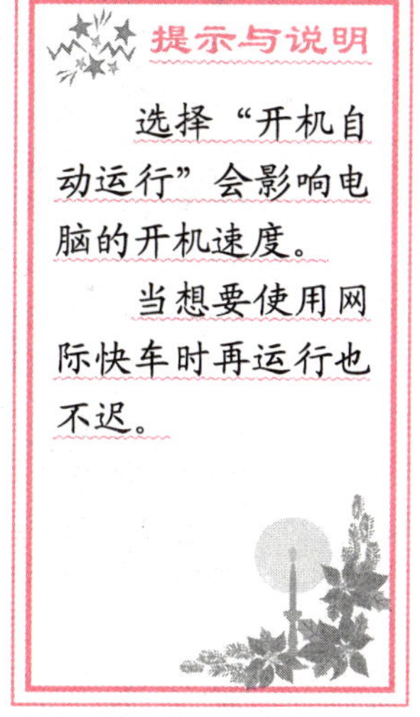

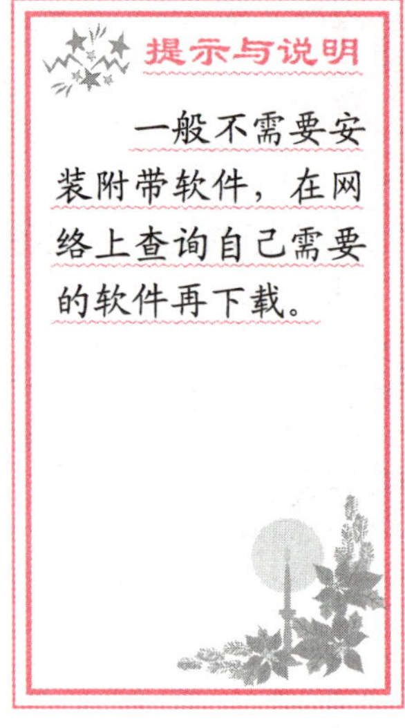

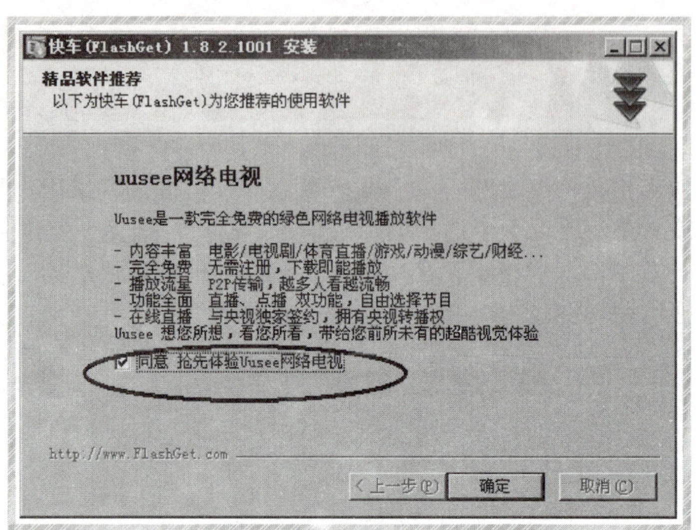

3

和大部分软件一样，网际快车也推荐一款附带软件。这次网际快车推荐的是一款名为“uusee 网络电视”的软件，它列出的这些功能和现在网络上流行的一些网络电视软件大同小异，比如 pplive，qqlive，ppstream，沸点……而且这些流行的网络电视软件是经过很多人使用的考验，也就是经受了市场考验，并且不断地涌现出新版本，从技术上来说更成熟。如果想要在网络上看电视的话，笔者推荐使用网络上流行的网络电视软件。总的来说，对于附带软件，笔者一般不推荐安装。所以，这里将“同意抢先体验 Uusee 网络电视”前的小钩去掉，如图 3 所示，并点击【确定】。

网际快车安装完成后，和迅雷一样，在桌面上会出现网际快车桌面快捷方式，可以把鼠标移动到该图标处，双击鼠标左键来启动网际快车。

另外，点击桌面左下角的【开始】|【所有程序】|【快车(FlashGet)】|【快车(FlashGet)】，如图 4 所示，通过这种方式同样可以启动网际快车。对于喜欢桌面干净整洁的用户来说，在本节的图 2 中，会把“添加桌面快捷方式”前的小钩去掉，就用这种方式启动网际快车 。

4

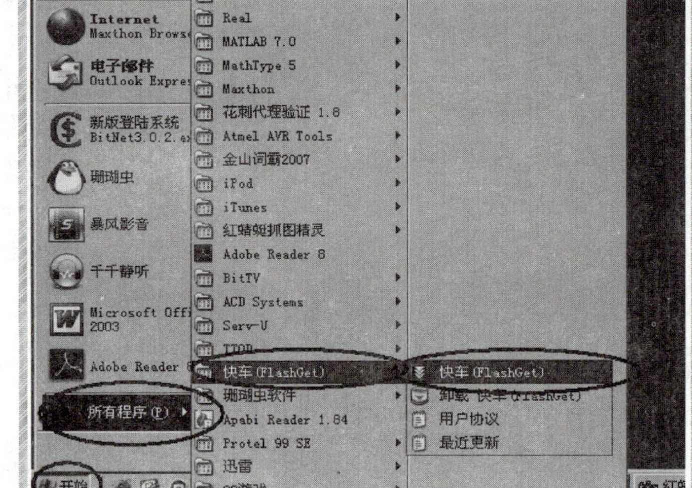

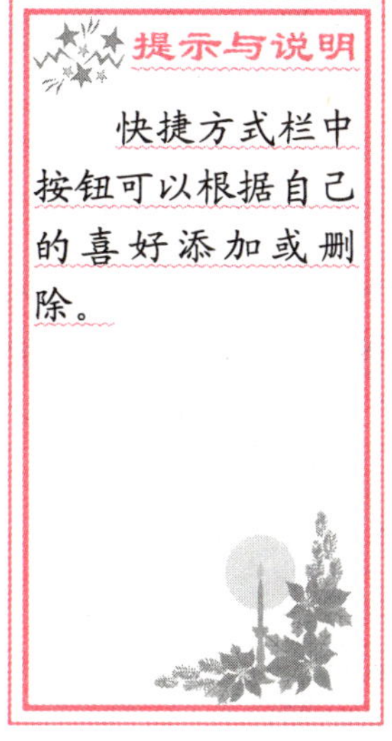

提示与说明

快捷方式栏中按钮可以根据自己的喜好添加或删除。

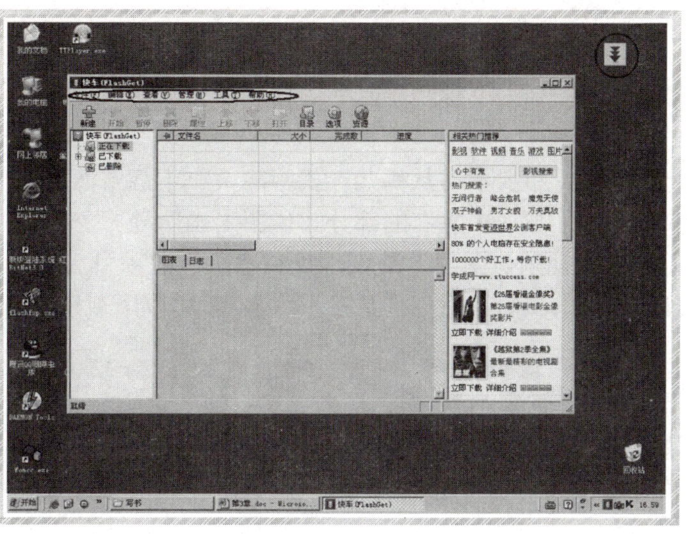

5

启动网际快车后，就能看见图 5 所示的界面，该界面就是网际快车的操作窗口了。启动网际快车的同时，可以看见在屏幕的右上角出现了一个悬浮窗口，如图 5 中右上角画圈处，并且在屏幕右下角的系统托盘（显示时间、音量调节……的地方）中多出了一个网际快车的标志。

下面认识一下网际快车的操作界面。图 5 中的左上角画圈部分是网际快车的主菜单栏；主菜单栏下面是快捷方式栏，直接点击该栏中的按钮可以实现一些快捷方式；图中靠左边的是文件管理栏；中间的是任务管理栏，显示下载文件的信息；靠右的是热门推荐。

在这一节最后，我们来学习如何手动关闭网际快车。也许有的读者会说，直接点击窗口右上角的【×】就能关闭网际快车，实际上这样的操作只能关闭网际快车的操作窗口，并没有真正的关闭网际快车。要关闭网际快车有三种方法，如图 6 所示：第一种，依次点击操作窗口中【文件】|【退出】；第二种，右键点击悬浮窗口出现菜单，再点击【退出】；第三种，右键点击系统任务栏中的网际快车图标出现菜单，再点击【退出】。

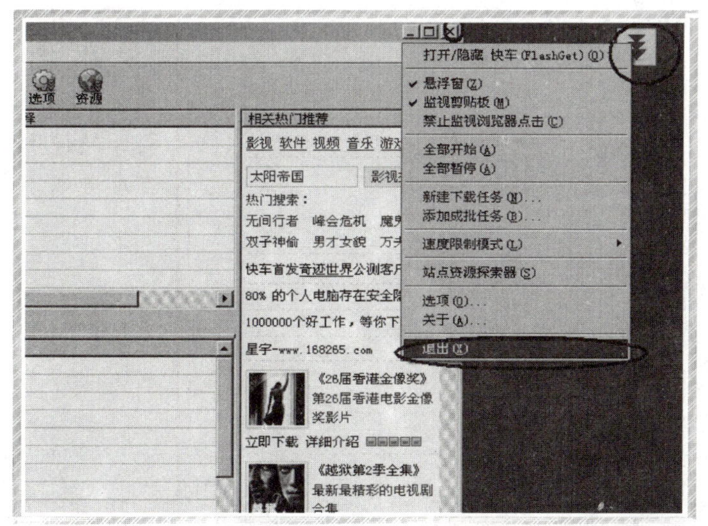

6

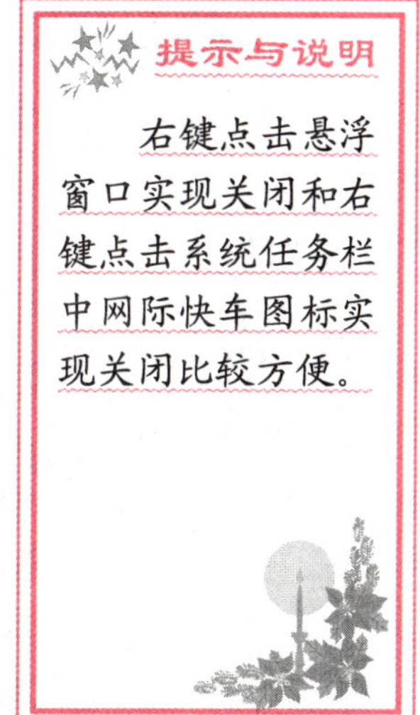

提示与说明

右键点击悬浮窗口实现关闭和右键点击系统任务栏中网际快车图标实现关闭比较方便。

如何寻找网际快车下载资源

在这一小节中，将要学习从哪儿寻找网际快车下载资源。

网际快车在操作窗口中靠右的部分（如图 1 画圈处），提供了时下最热门、最流行的影视、音乐、软件、视频、图片、游戏。找到感兴趣的项目后，点击介绍图片，登录网际快车网站查看该项目的资料，点击【直接下载】，就可以下载该项目了。

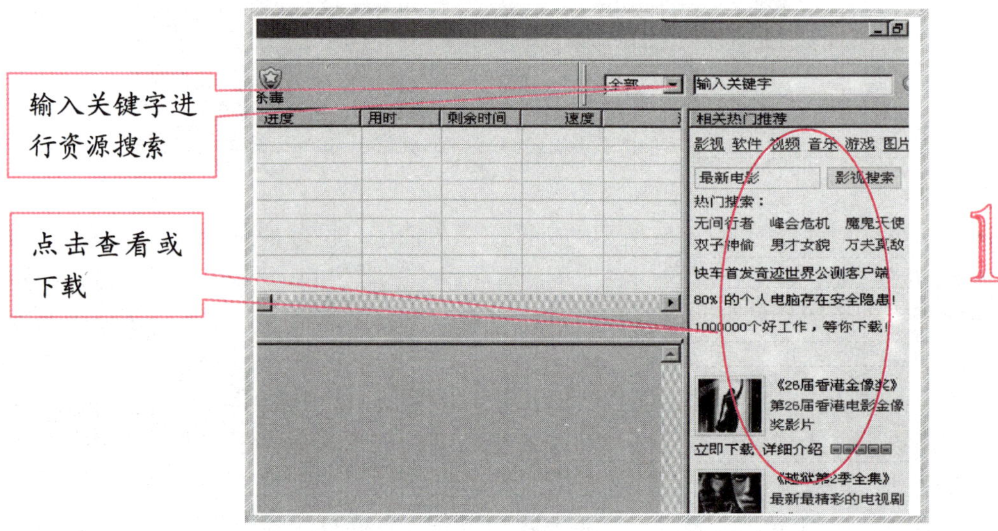

如果在“相关热门推荐”中没有感兴趣的或想要下载的资料，可以在快捷工具栏中最右边的搜索栏中输入想要寻找的资料的名称或关键字，再点击关键字栏右边类似放大镜的图标开始搜索。利用 Google 搜索引擎也是一种常用的搜索方法，在搜索栏中输入搜索内容点击键盘上的回车键，如图 2 所示。

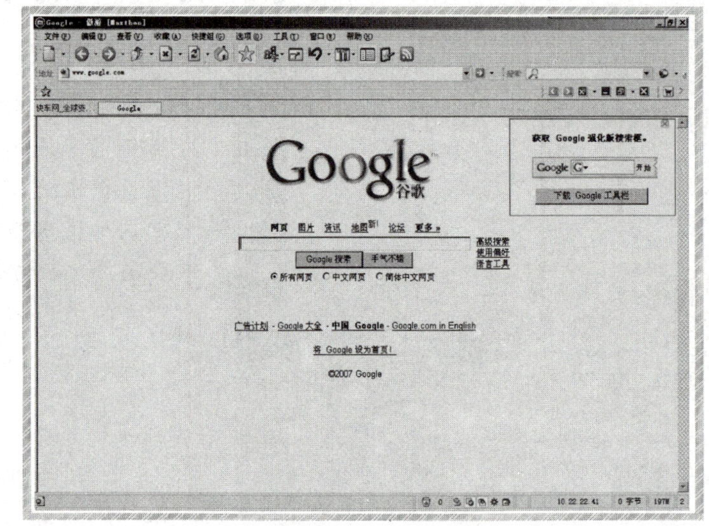

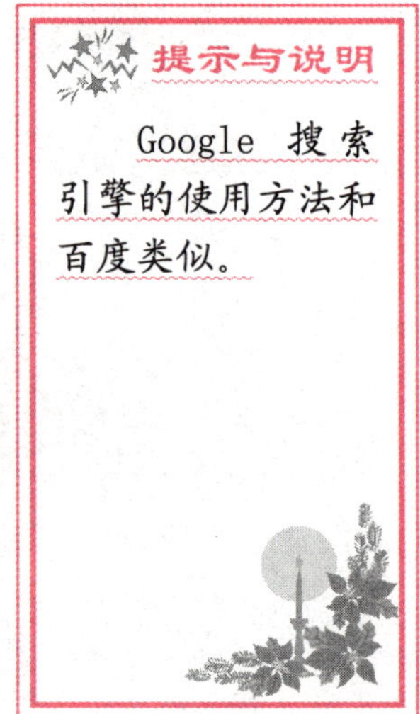

提示与说明

Google 搜索引擎的使用方法和百度类似。

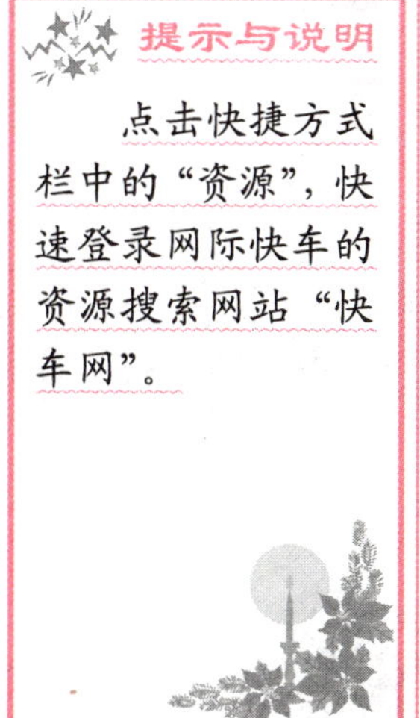

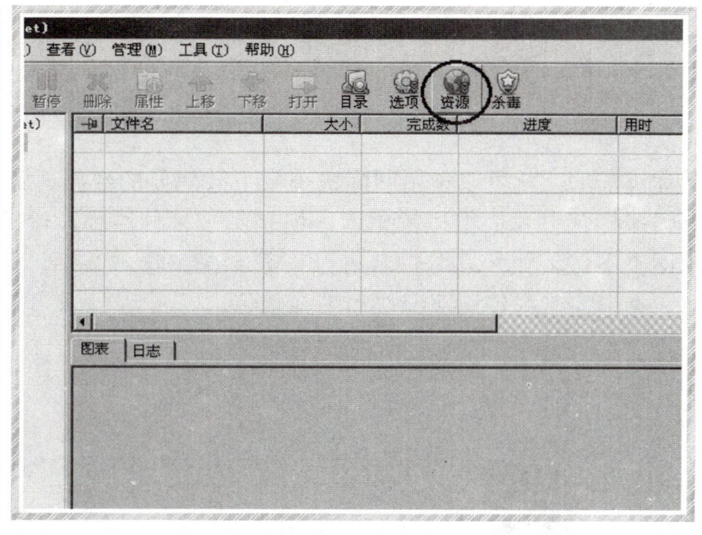

3

像迅雷一样，网际快车也在自己主页上列出了大量资源，从而为我们提供了另外一个渠道搜索下载资源，也就是说——可以从网际快车的主页上搜索下载资料。

找到网际快车的快捷方式栏，点击【资源】图标，如图3画圈处，就会弹出浏览器窗口，并直接登录到网际快车的资源网页“快车网”，省去了打开浏览器并自己输入网址的麻烦。

点击【资源】后，浏览器即自动登录到“快车网”，如图4所示。和大多数资源搜索网站一样，快车网在页面的最上部给出了一个搜索栏，在其中输入想要寻找资料的关键字，点击【搜索】，网站就会在浏览器的新窗口中列出相关的搜索结果，点击与想下载资料的信息最相符的项目，浏览器又会在新窗口中打开该资料的详细信息，在这个窗口中，就可以下载想要的资料了。在搜索的时候有个小窍门，可以先点击关键字栏右边的“全站”下拉列表，进行搜索对象类别定位，在“全部”下拉列表中选择关键字的类别定位，这样可以更精确地寻找想要的资料。

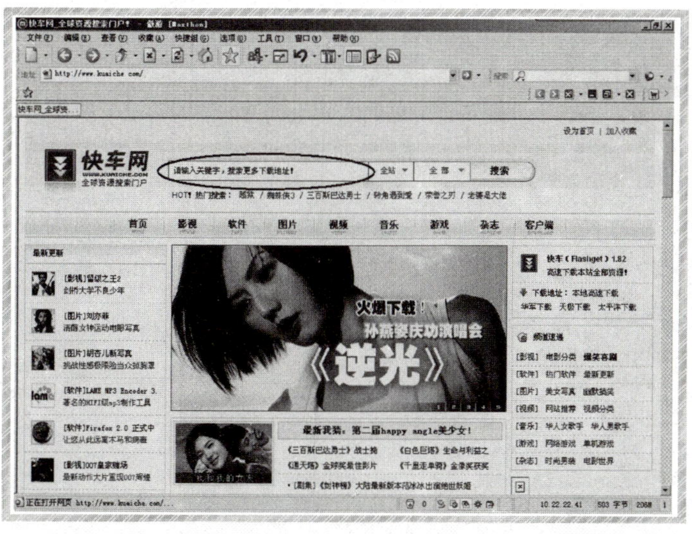

4

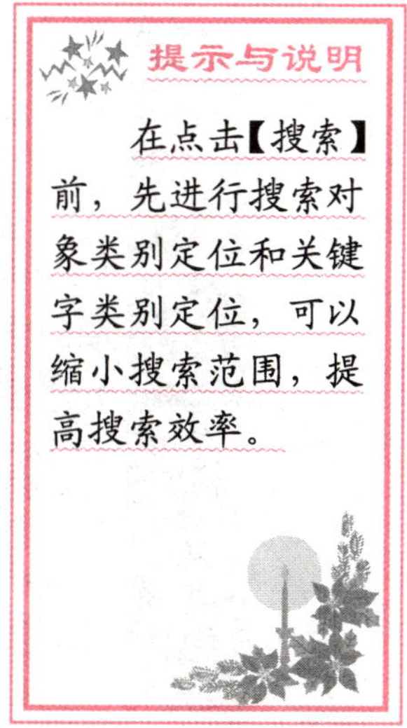

如何用网际快车下载数据

安装网际快车后，就可以使用网际快车来下载想要的数据、资料了。

也许有很多畅销书我们很早就想读，但是由于种种原因，没有时间到书店购买。没关系，通过在网上下载，短短几分钟就可以下载完毕。在本节中，通过下载一本很畅销的小说《狼图腾》来学习怎样使用网际快车下载数据。

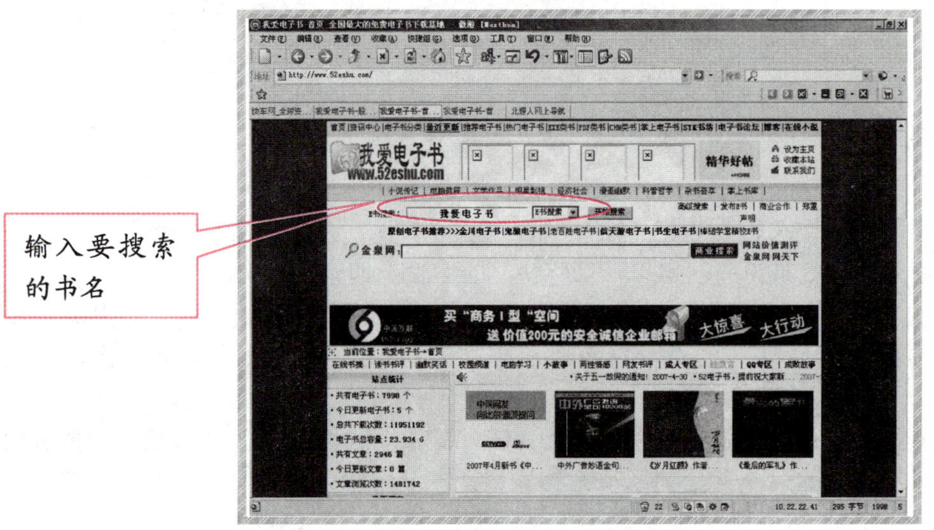

1

下载电子书，这里推荐一个专门下载电子书的网站——我爱电子书(www.52eshu.com)。该网站提供免费下载电子书。

1. 登录网站后，如图 1 所示，在图中的搜索栏中输入书名“狼图腾”，点击【搜索】。
2. 进入如图 2 所示的搜索结果页面，点击画圈位置处《狼图腾》字样。

2

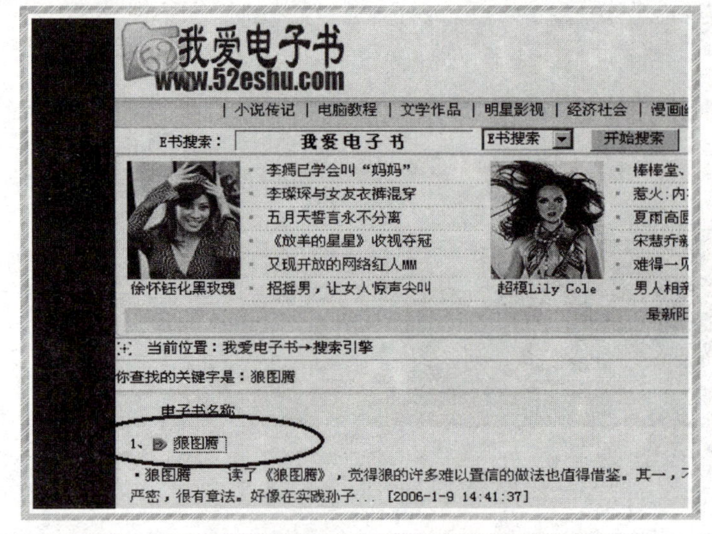

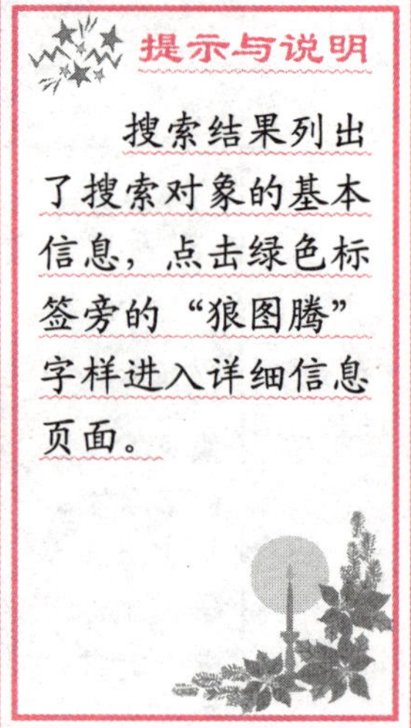

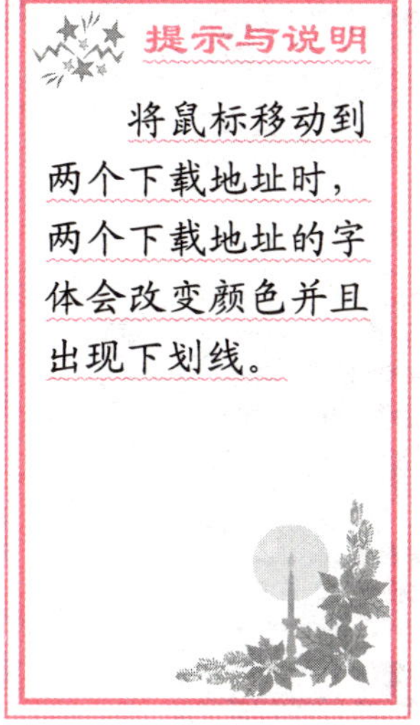

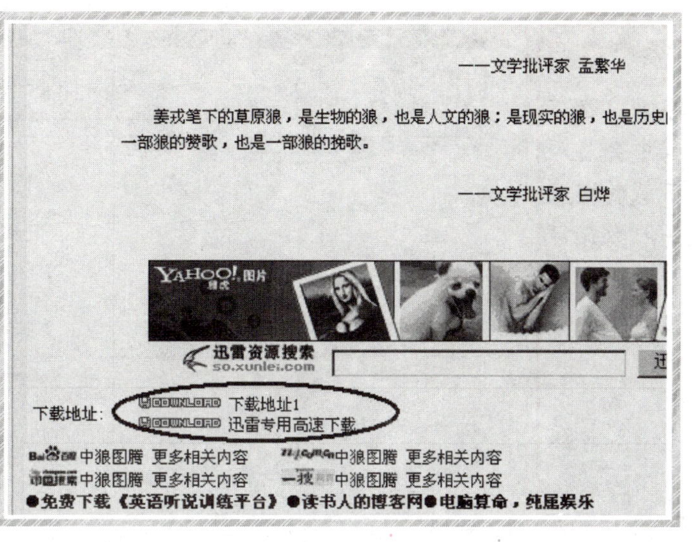

3

3．图3是书籍《狼图腾》详细信息页面。在该页面中列出了该书的详细信息：大小、运行环境、语言、书籍类型、下载次数、简介……等信息。在浏览完这些信息后，将页面翻到后半部分，可以看到“下载地址”一栏，这儿列出了两个选择项“下载地址1”和“迅雷专用高速下载”，将鼠标移至其中任何一个上面该选择项会改变颜色，说明点击它们可以下载。由于这里是学习使用网际快车，故选择点击【下载地址1】。

4．点击下载地址1后，就会弹出网际快车“添加新的下载任务”对话框，如图4所示。按照在第1章中介绍的数据管理的原则，我们首先设置文件的存放路径。找到对话框的“另存到”一栏，在该栏中可以直接手动填入要存放的路径“E:\下载数据\电子书”，也可以点击该栏右边的【浏览】按钮，进入路径设置，依次双击【我的电脑】|【本地磁盘(E:)】|【下载数据】|【电子书】，同时单击【确定】完成存放路径设置。

对于文件存放的文件名，一般为一系列数字，非常不好辨认，点击“重命名”一栏右边的【智能命名】来命名，如果不满意，也可以手动命名。完成后点击【确定】。

4

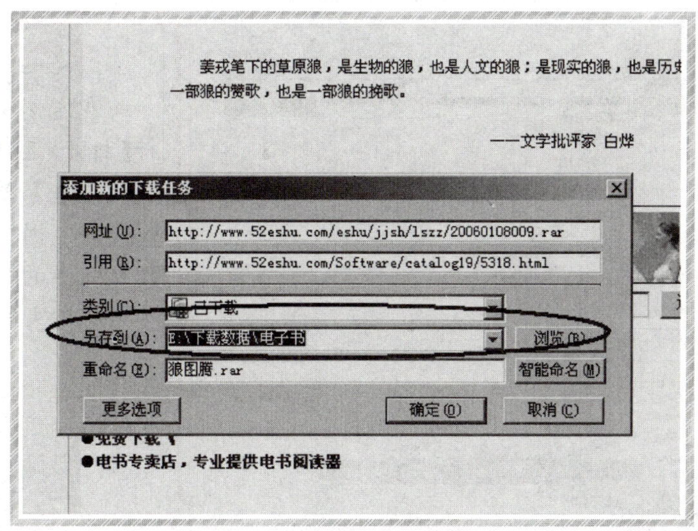

提示与说明

智能命名，能够帮助我们将文件存放时的文件名改为容易寻找的名字。如果命名不满意的话，可以在栏中修改文件名。

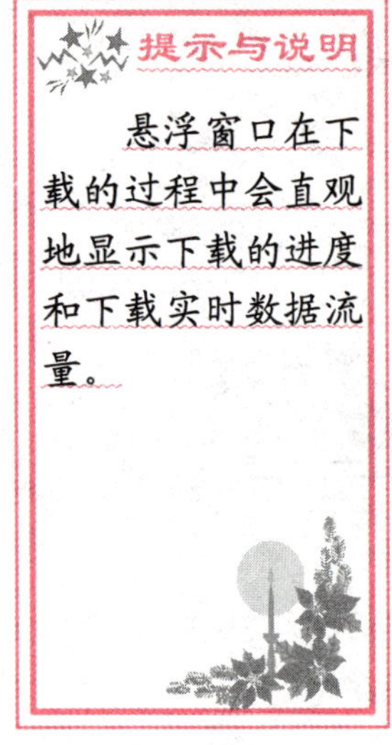

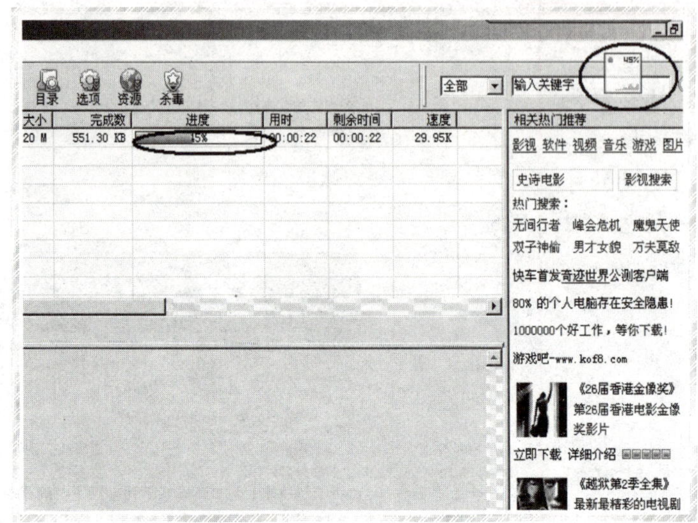

5

5. 点击【确定】，网际快车就会自动弹出操作界面，如图 5 所示，这时在“正在下载”中就会显示《狼图腾》的下载信息，在这里列出了文件名、大小、完成数、进度、用时、剩余时间、速度、链接/资源、URL 等信息。其中进度很直观地显示了文件下载的进度，剩余时间会随速度的变化而变化。对于链接/资源，比如说该栏显示 1/2，表示网际快车搜索到的资源共有两个，但是能够使用的只有一个。

6. 在下载过程中，用户可以去干其他事情，文件下载完成后，也就是进度条达到 100% 时，网际快车会自动播放提示音，提示下载完成。这时，只要到点击操作窗口中的【已下载】就能看到文件《狼图腾》。这时可以把鼠标移动到《狼图腾》那一栏上，单击鼠标右键，出现如图 6 中所示的右键菜单。该菜单列出了能够对该文件进行的一些操作，如果想要直接打开《狼图腾》，就把鼠标移动到【打开/运行已下载的文件】并点击，对于本例，执行该命令后是对下载文件进行解压缩。如果想要打开存放《狼图腾》的文件夹，就点击【打开下载的文件目录】。

6

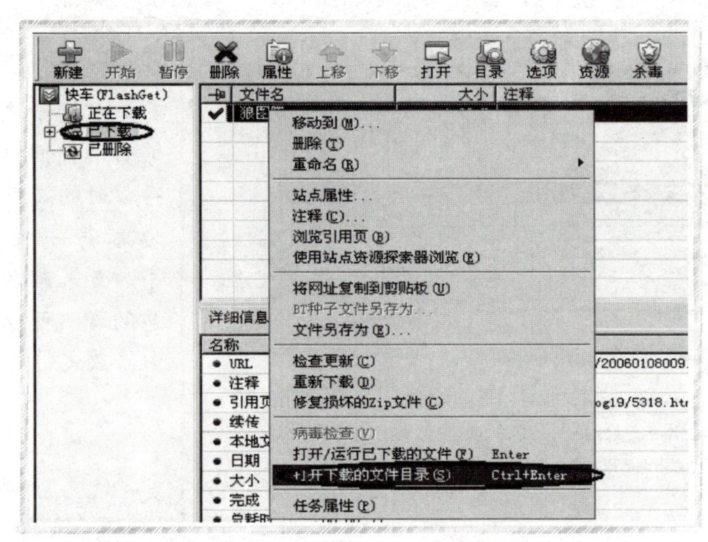

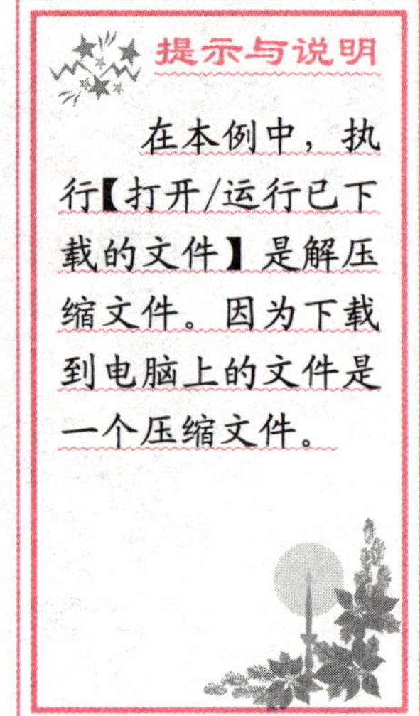

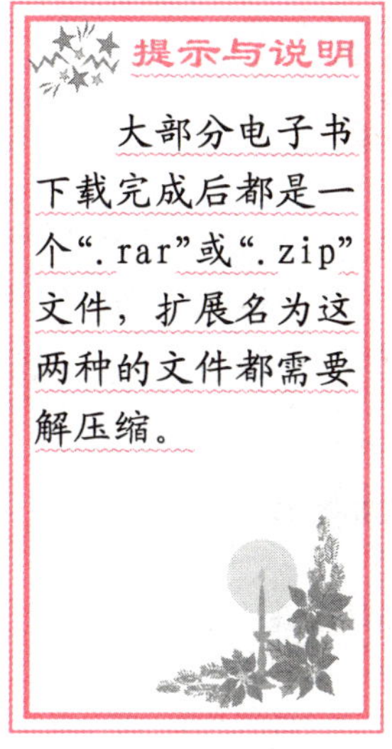

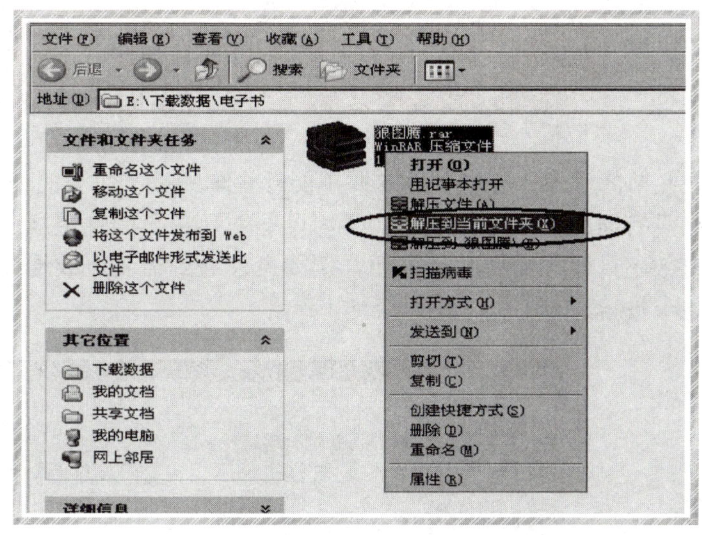

7

7. 在点击【打开下载的文件目录】后，就能看见一个名为“狼图腾.rar”的文件，这个就是完成下载的电子书文件。对于文件现在所处的状态，还不能直接阅读《狼图腾》，因为这是一个压缩文件，该文件处于这种形式是为了压缩文件大小，降低资源占用空间，减少下载耗时。

当想阅读《狼图腾》，鼠标对准该文件点击右键，出现右键菜单，再鼠标左键点击“解压到当前文件夹”，如图7所示，开始解压缩该文件。解压缩完成后，该文件夹会多出两个图标，其中一个为黄色的方块笑脸，文件扩展名为“.exe”，这个文件就是《狼图腾》的电子书，双击该文件，打开《狼图腾》。

8. 打开该文件后，可以看到《狼图腾》的封面以及别人对此书的评价，如图8所示。如果现在就想开始阅读，请点击菜单栏中“目录”图标，如图8中画圈位置。点击后在窗口的左边会出现一个目录列表，列出了《狼图腾》每一章每一节的目录，这时直接点击想阅读的章节就可以进入到该章节了。

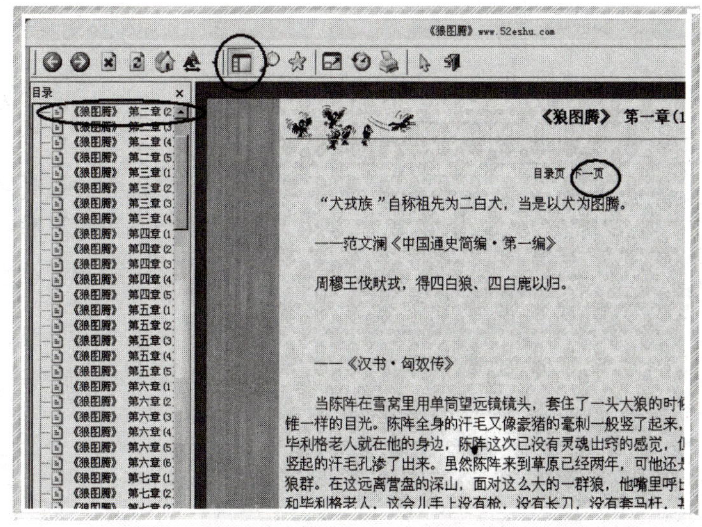

8

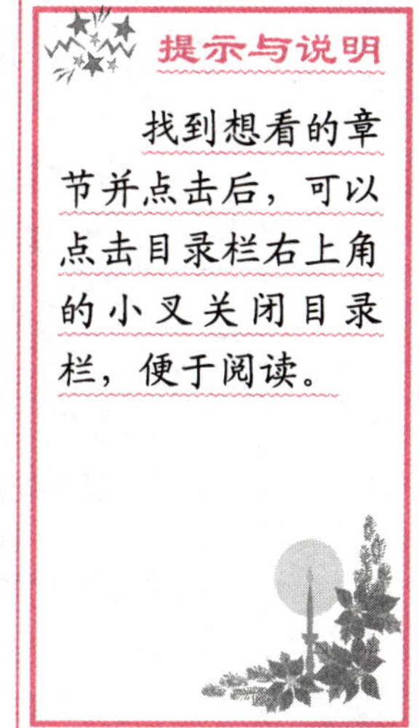

网际快车使用技巧

经过前几节的学习，我们已经掌握了网际快车的基本快车的使用方法，通过这些方法，下载资料已没有问题。在这一节我们学习一些网际快车的使用技巧，通过这些技巧，下载时将会更有效率，管理文件时更方便，例如，在遇到需要下载连续剧的情况时，通过成批任务下载这个技巧，就不用一集一集地下载。

点击【添加成批任务】

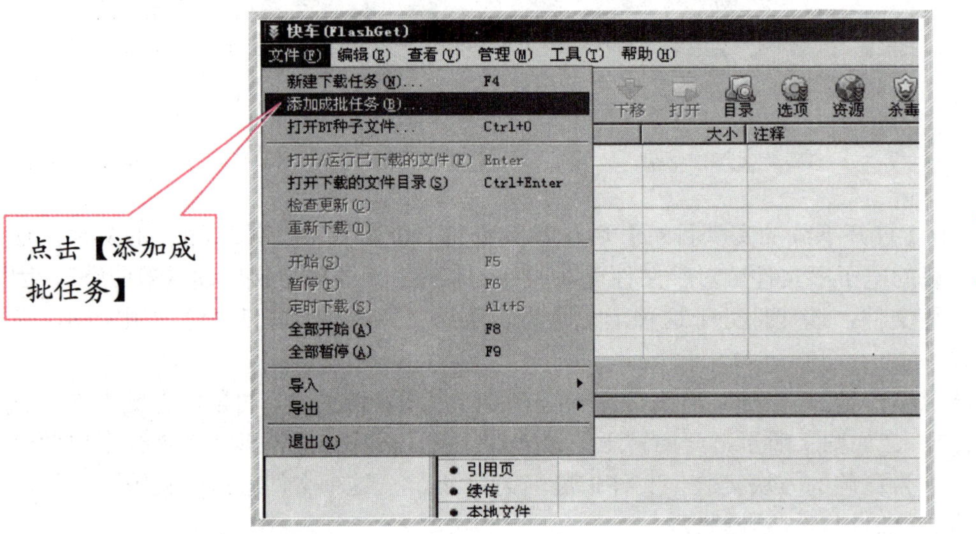

1

1．依次点击主菜单中的【文件】|【添加成批任务】，如图1所示。

2．弹出“添加成批任务”对话窗口，如图2所示，再按照规定的格式填入连续剧的下载地址，一个20集的电视剧，在下面一栏中填入从01到20，通配符长度中填入“2”，因为20有两个字符。点击【确定】，开始自动下载连续剧。

2

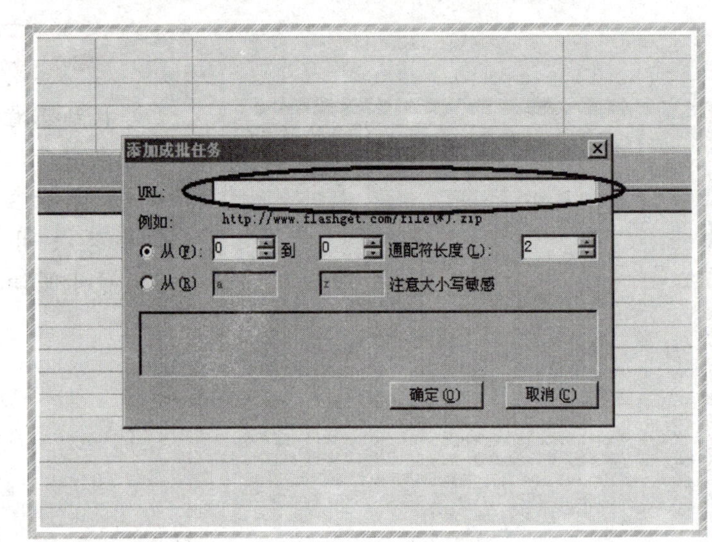

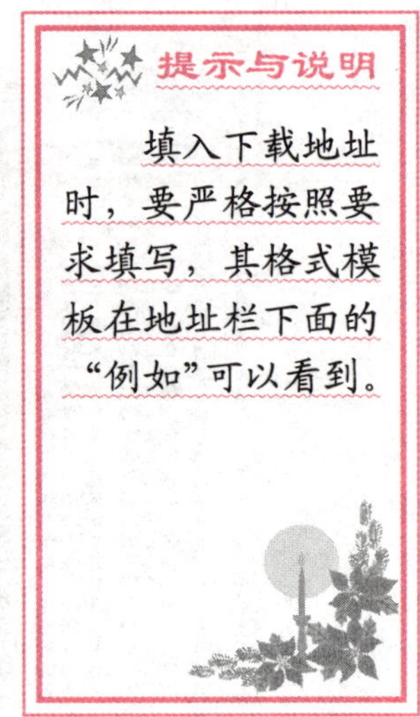

提示与说明

填入下载地址时，要严格按照要求填写，其格式模板在地址栏下面的“例如”可以看到。

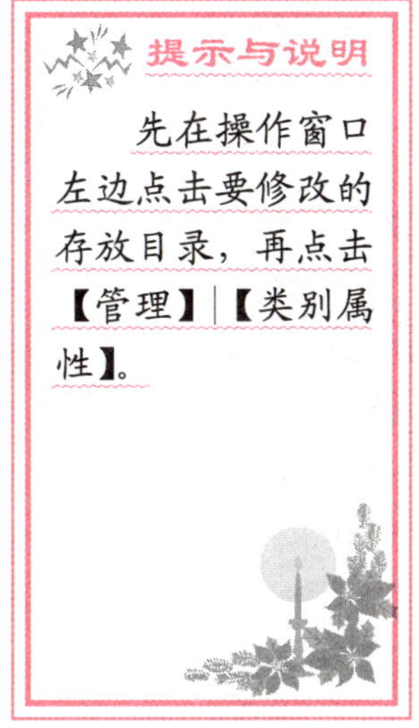

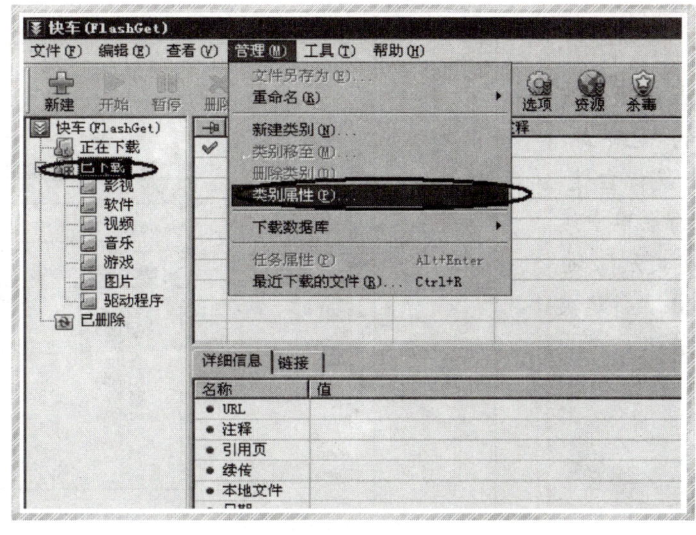

3

对下载文件进行归类整理，是网际快车最为重要和实用的功能之一。网际快车使用了类别的概念来管理已下载的文件，每种类别可指定一个磁盘目录，所有指定下载完成后存放到该类别的下载任务，下载文件就会保存到该磁盘目录中。但是，把文件存放在 C 盘中是一种很不保险的方法，万一系统出问题，重装系统后我们下载的文件都会消失。下面来学习怎样把网际快车的几个默认存放路径修改成我们在 E 盘设置好的目录。

首先修改“已下载”的目录，先点击操作界面左边的“已下载”，如图 3 中所示，再依次点击主菜单中【管理】|【类别属性】，弹出如图 4 所示的“属性”对话框。可以看到，“已下载”的默认路径是“C:\Downloads”，也就是说，下载的文件都是存放在 C 盘的 downloads 文件中，点击图 4 中画圈的部分，在弹出的对话框中依次双击【我的电脑】|【本地磁盘(E:)】|【下载数据】，依次点击【确定】。之后会弹出一个对话框，勾选“同样修改子类别的目录属性”和“移动本地文件”，点击【确定】完成设置。其他子目录的设置按照同样的方法就可以设置完成。

4

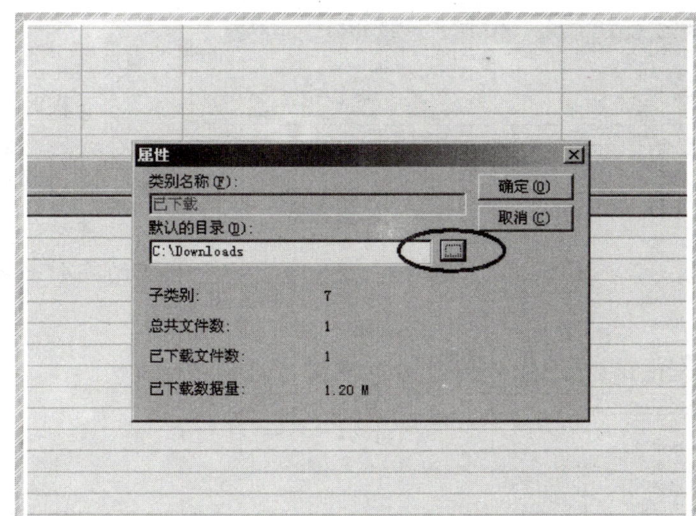

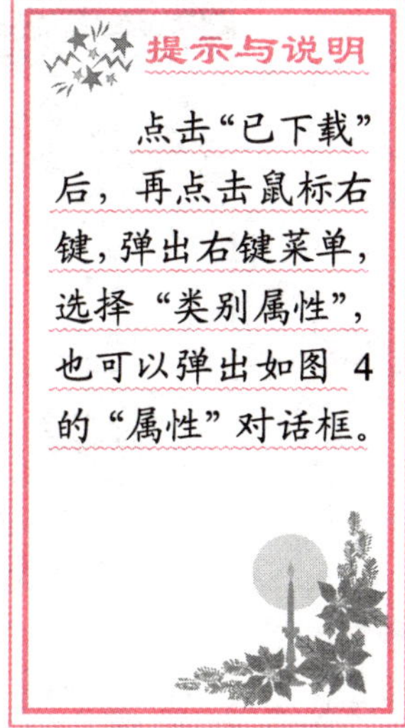

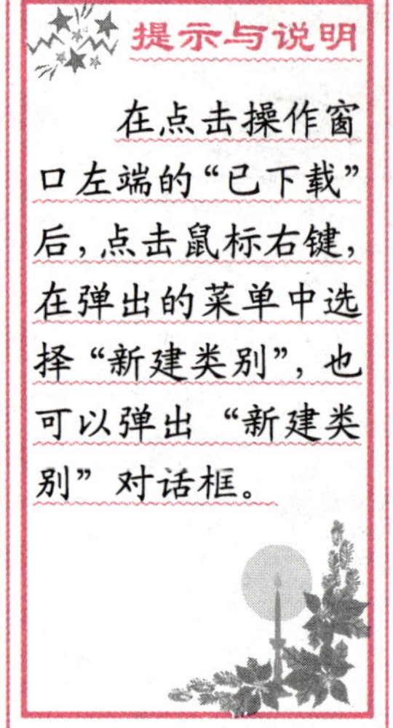
提示与说明

在点击操作窗口左端的“已下载”后，点击鼠标右键，在弹出的菜单中选择“新建类别”，也可以弹出“新建类别”对话框。

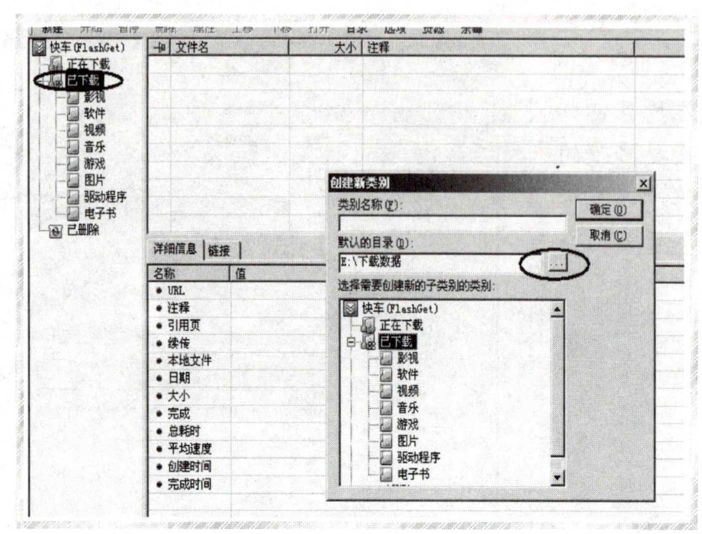

5

下载完《狼图腾》后，发现网际快车初始的下载类别中没有“电子书”这一类，而《狼图腾》是属于电子书类，需要在“已下载”类别下新建一个“电子书”类。

首先，点击操作窗口中“已下载”，如图5中左边画圈位置，再依次点击主菜单中【管理】|【新建类别】，弹出“创建新类别”对话框，如图5所示。由于在第1章已经在E盘的下载数据文件夹下创建了电子书类别，所以直接点击图5中间画圈位置，在弹出的对话框中依次双击【我的电脑】|【本地磁盘(E：)】|【下载数据】|【电子书】，再依次点击【确定】，就可以在“已下载”类别下创建“电子书”类别，以后下载时就可以直接把下载的电子书放到该类别中。

在下载过程中，可以不用设置存放路径（设置存放路径的步骤出现在可以更改文件名那一步），一路点击【确定】进入下载。这时，文件会存放在默认路径“已下载”下。待下载完毕后，点击操作窗口左端的“已下载”，在窗口中上部就会出现刚完成的文件。对准下载好的对象按住鼠标左键不放，将它拖入窗口左端的“电子书”一类，完成分类，如图6所示。

6

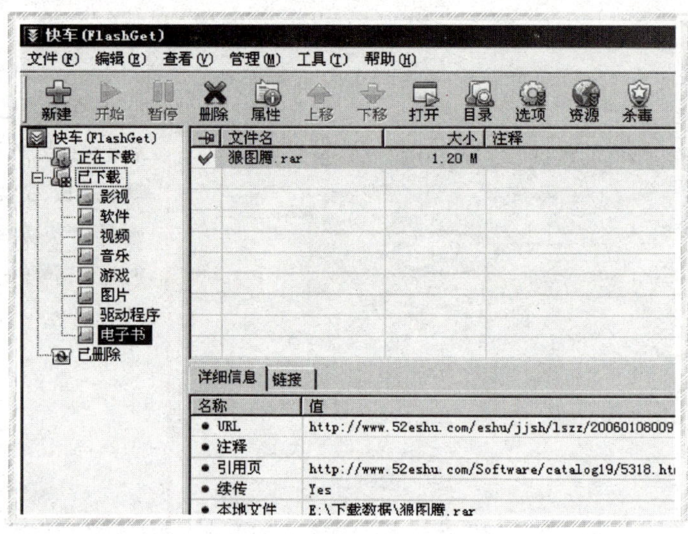

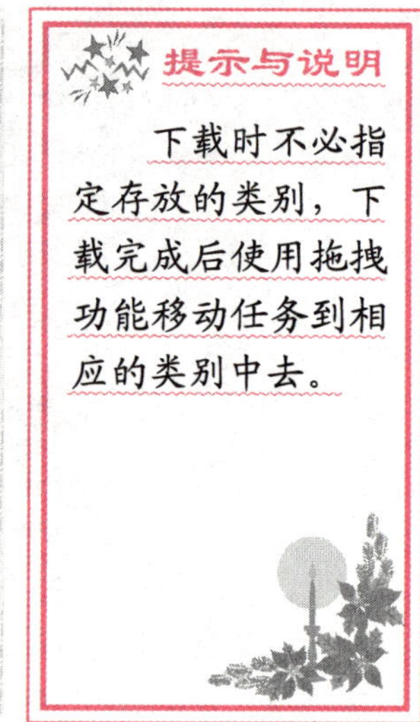
提示与说明

下载时不必指定存放的类别，下载完成后使用拖拽功能移动任务到相应的类别中去。

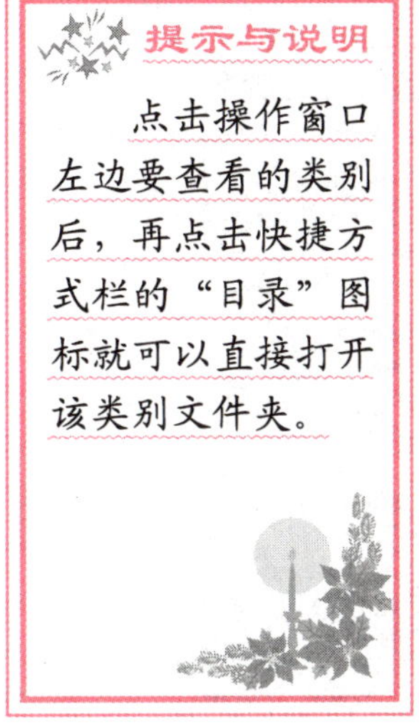

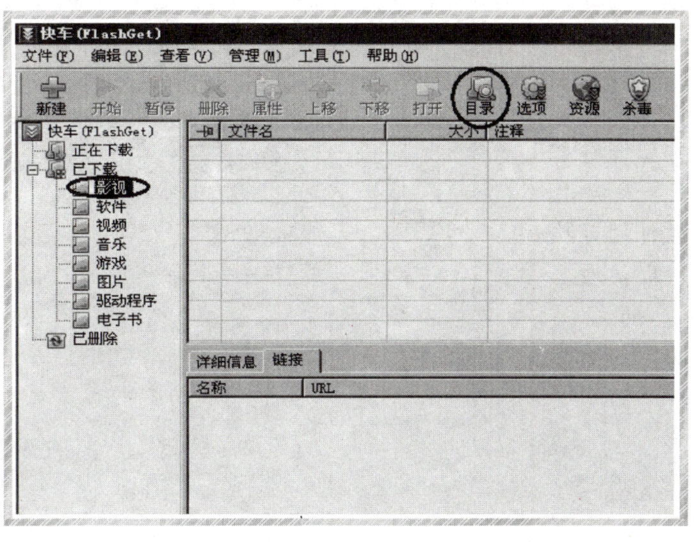

7

当下载很多资料、数据后，在下载的过程中还可以查看操作窗口左端的类别中放置哪些文件。一般的方法是在桌面上找到并双击“我的电脑”图标，在打开的窗口中依次双击【本地磁盘(E:)】|【下载数据】，然后双击看想查看的类别，这很麻烦，要求我们点击多次鼠标。

网际快车为我们提供了一种更便捷的方法，在操作窗口左边选中想查看的类别，单击鼠标左键，这时被选中的类别字体变色，如图 7 中左边画圈位置，然后点击操作窗口中快捷方式栏中的“目录”图标，如图 7 中上部画圈位置，就可以直接打开该类别文件夹，这比上面那种常规方法简捷，只要两次点击鼠标即可。

如果大家觉得使用网际快车很方便，可以把网际快车设置为浏览器默认下载工具（系统一般把 IE 下载设置为默认下载工具）。这样在浏览器中单击相应的链接，将会自动启动网际快车进行下载。在操作窗口中依次点击【工具】|【作为浏览器默认下载工具】,如图 8 所示，即可完成设置。

8

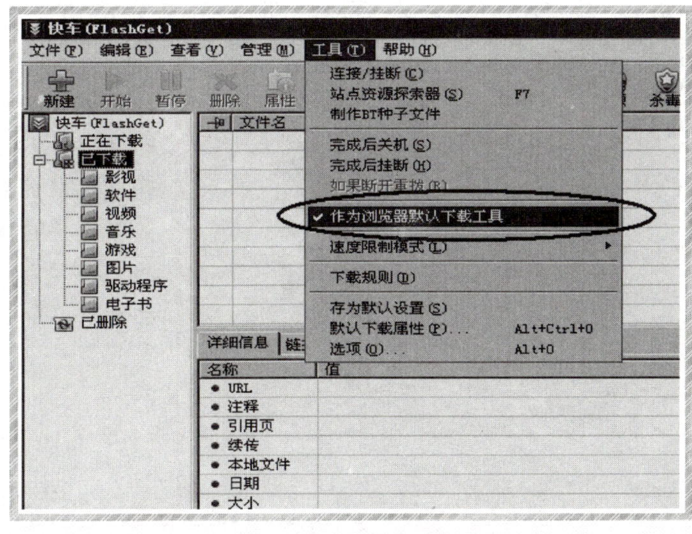

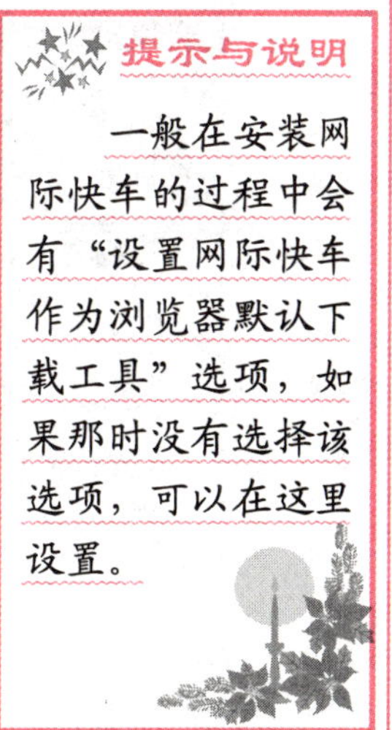

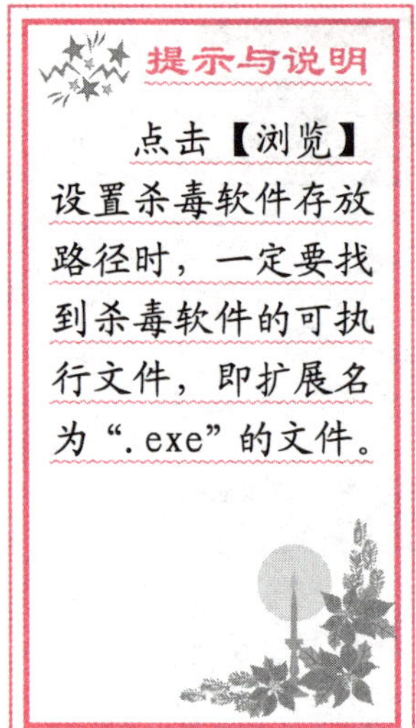

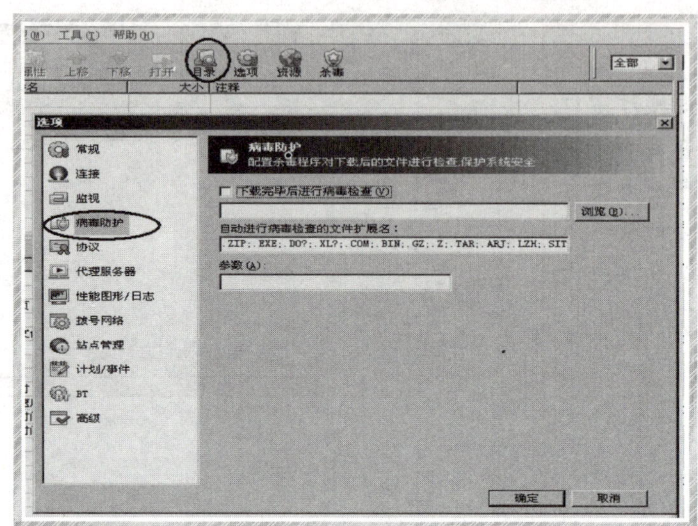

9

网络上的资源很丰富，这是网络好的一面，但是网络上也有很多病毒，这是它不好的一面。所以，对于从网络上下载的资料要进行杀毒。网际快车提供了一个方便的功能，能够在文件下载完成后自动进行病毒扫描，如果有病毒，自动查杀。点击操作窗口快捷方式栏上的【选项】图标，弹出“选项”窗口，再点击“选项”窗口左端的【病毒防护】图标，如图 9 所示，勾选“下载完毕后进行病毒检查”，点击【浏览】将杀毒软件存放的路径填入空白处，最后点击【确定】完成设置。

由于白天上网的人很多，网络的使用率比较高，网络带宽有限，所示下载速度就会相对变慢。为了提高下载速度，可以选择夜晚再开始下载。下载速度是快了，但是要求用户在电脑旁等待下载完毕关机后再去睡觉，如果直接去睡觉任电脑开一个通宵，这是一种非常浪费能源的行为。网际快车提供的“下载完成后自动关机”功能令用户的这些苦恼迎刃而解。依次点击操作窗口主菜单栏中的【工具】|【完成后关机】，如图 10 所示，在“完成后关机”前会出现一个小钩，完成设置该功能。

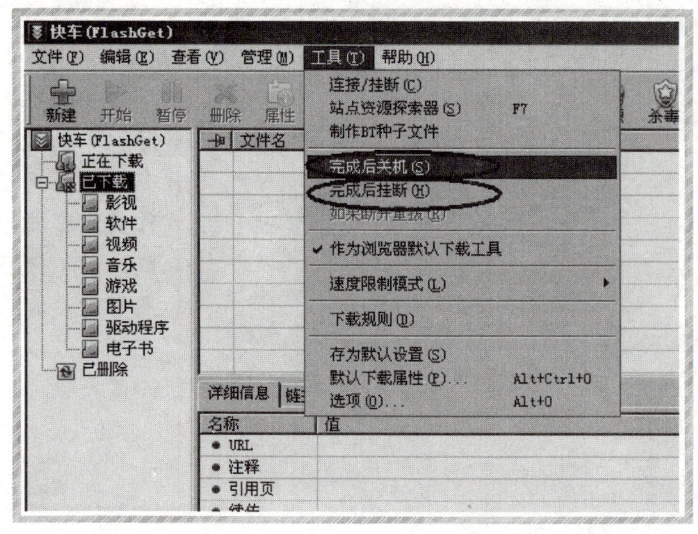

10

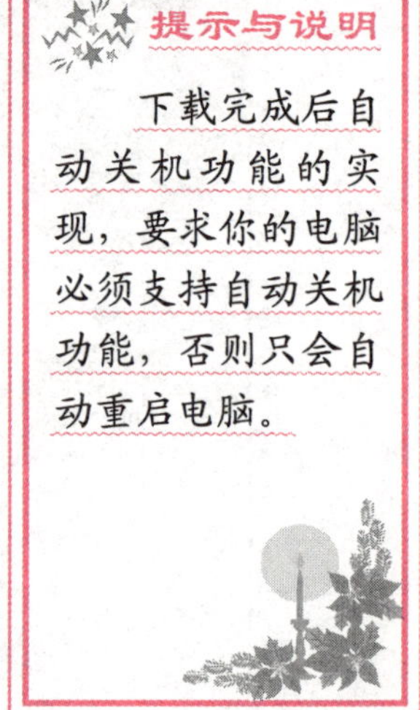

第4章

如何使用BitComet下载

本章要点

- ☑ 初识BitComet
- ☑ 如何寻找BT资源
- ☑ 如何使用BitComet下载资料
- ☑ BitComet使用技巧

BT，英文 BitTorrent 的缩写，是一种下载方式。

这种下载方式就是把一个文件下载到一个计算机上，该计算机上的这个文件会成为别人的下载源，而且您在下载时也可以从别人的下载源来下载。一般而言，这种下载方式速度比较快。另外，您愿意当多长时间下载源随便，但下载后一定要做下载源，否则会被别人鄙视的。前面提到了下载速度快，这是 BT 最大的优点

BitComet 是一款使用 BT 下载方式的软件，这是笔者最喜欢使用的，也是笔者的朋友们最喜欢使用的一款 BT 软件。读者们当然是我的朋友啦，所以我在本章中隆重推荐 BitComet，让我们开始学习吧！

初识 BitComet

BitComet 是一款 BT 下载软件。BT 下载是一种下载技术，这种下载方式和传统的单单依靠网站服务器作为下载源的方式不同，它采用的是人人的电脑都是服务器的思想，下载的人越多，共享的人越多，下载的速度也越快。

在这一节中，利用 BT 下载技术，学习 BitComet 的使用。

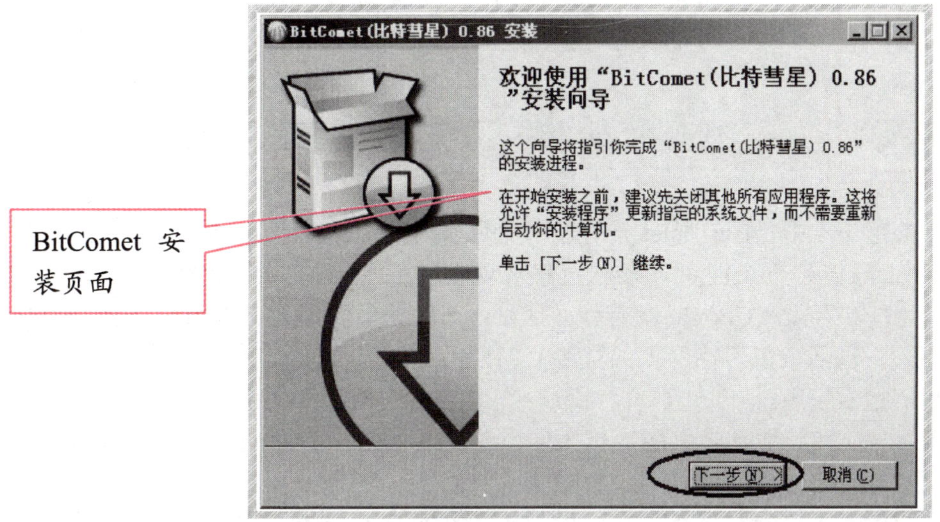

要安装 BitComet，首先要有 BitComet 的安装文件，利用上两章中学习的任何一种软件都可以从网上下载得到。在这一章学习的版本为 BitComet0.86，在网上搜索后并将其下载到电脑上。双击安装文件进入如图 1 所示的画面，点击【下一步】开始安装。

在“选择组件”这一步，将“浏览器集成”前的钩去掉，如图 2 所示。

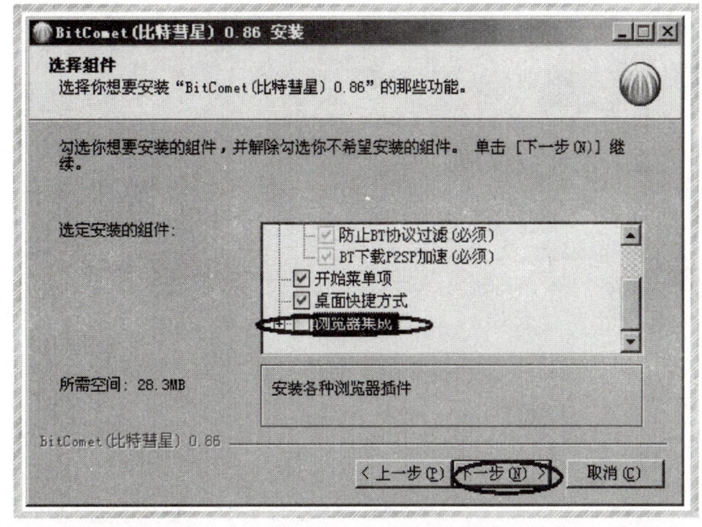

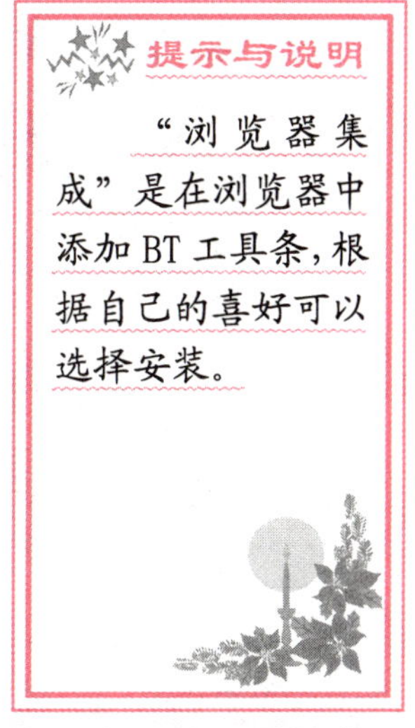

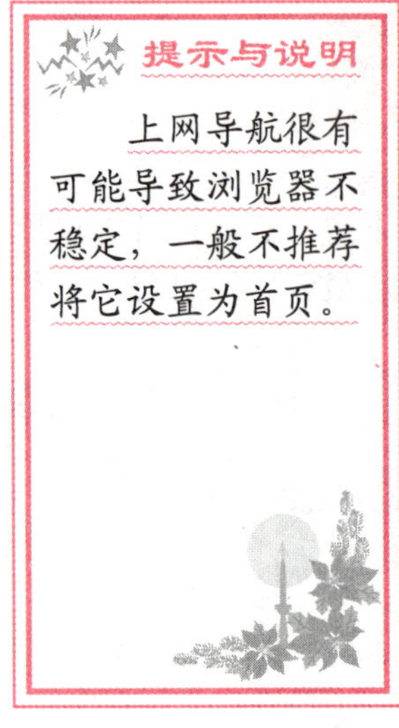

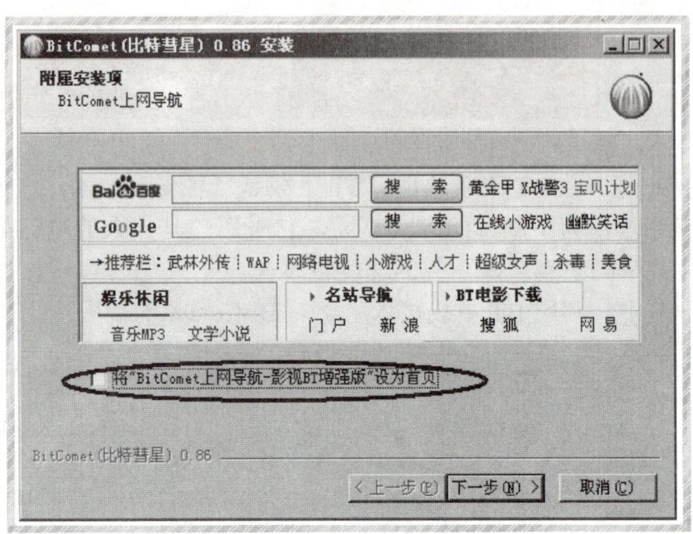

3

在安装过程的这一步中，BitComet 推荐了一个网页——BitComet 上网导航，如图 3 所示。BitComet 网上导航是一个网页，该网页集成现在网上常用的两个搜索引擎，百度和 Google，其实际功能和百度、Google 没有什么区别，只是为了我们的方便将百度和 Google 集成在一起。另外，该网页将因特网上的资源分门别类地归类，比如“音乐 mp3”、“文学小说”……供我们搜索使用。

其实，该上网导航和其他种类上网导航大同小异，类似的上网导航很多，如“123 上网导航”、“265 上网导航”。一般都不推荐大家使用上网导航，有的上网导航导致在浏览器输入新网址时只会自动登录该上网导航。在这里，选择不把 BitComet 上网导航设置为我们浏览器的首页，将图 3 中画圈部分的钩号去掉。

到安装最后一步，如图 4 所示，如果我们想关闭该对话框后直接运行 BitComet，勾选“运行 BitComet（比特彗星）0.86”后点击【完成】，电脑就会自动运行 BitComet。反之则将该条目前的钩号去掉，点击【完成】。到这一步为止，BitComet 已经安装在电脑中了。

4

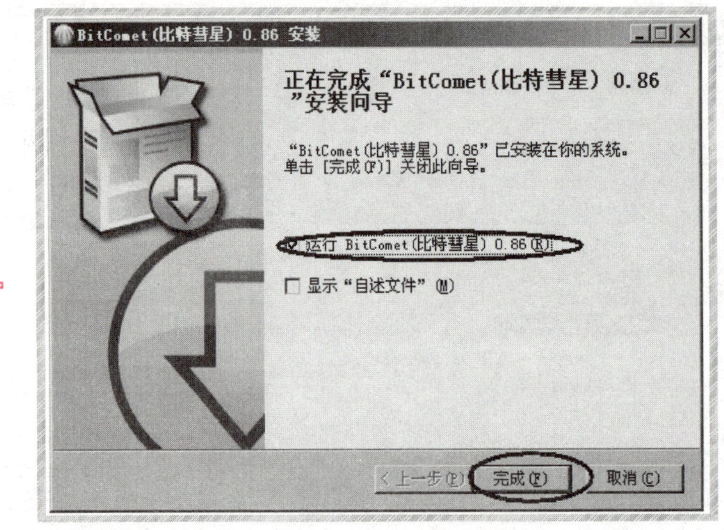

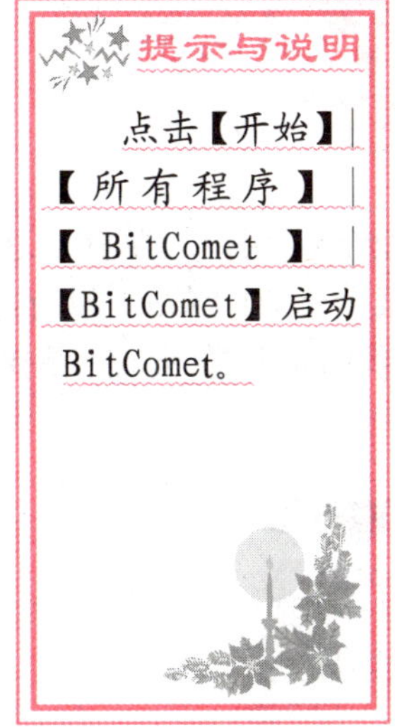
提示与说明

点击【开始】|【所有程序】|【BitComet】|【BitComet】启动BitComet。

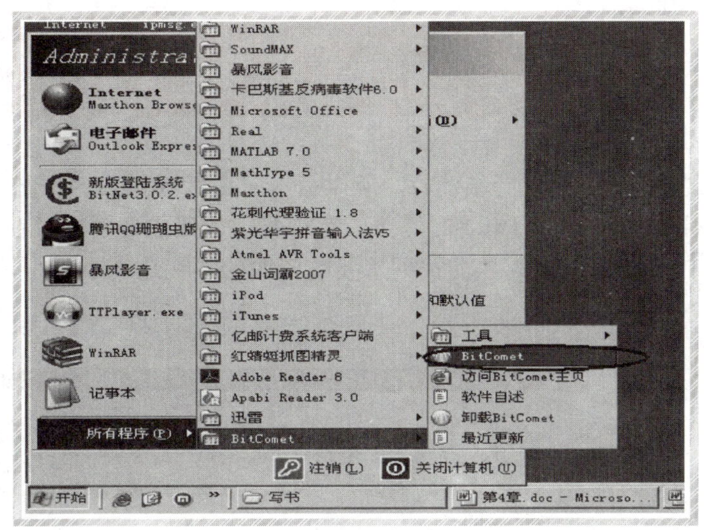

5

BitComet 安装完成后，桌面上会多出一个黄色球状 BitComet 图标，这就是 BitComet 的桌面快捷方式。把鼠标指针移动到该图标处，双击鼠标左键就可以启动 BitComet。

还有另外一种方式可以启动 BitComet。将鼠标指针移动到桌面左下角，看到【开始】键。使用鼠标左键点击【开始】|【所有程序】|【BitComet】|【BitComet】，如图 5 所示。对于喜欢桌面干净整洁的用户来说，在本节的图 2 中，最好把“桌面快捷方式”前的小钩去掉，就用本种方式启动 BitComet 。

用以上两种方式中的任何一种启动 BitComet 后，就可以看到如图 6 所示的 BitComet 操作窗口。启动 BitComet 后，我们可以看到在屏幕的右上角出现了一个悬浮窗口，如图 6 中画圈处。与此同时，在屏幕右下角的系统托盘（显示时间、音量调节……的地方）多出了一个 BitComet 图标。操作窗口的最上部的菜单是主菜单，包括“文件”、“视图”、“选项”……在主菜单下面一行是快捷方式栏；窗口左边有任务管理栏以及站点推荐；中间是下载状态管理，右侧是内容介绍。

6

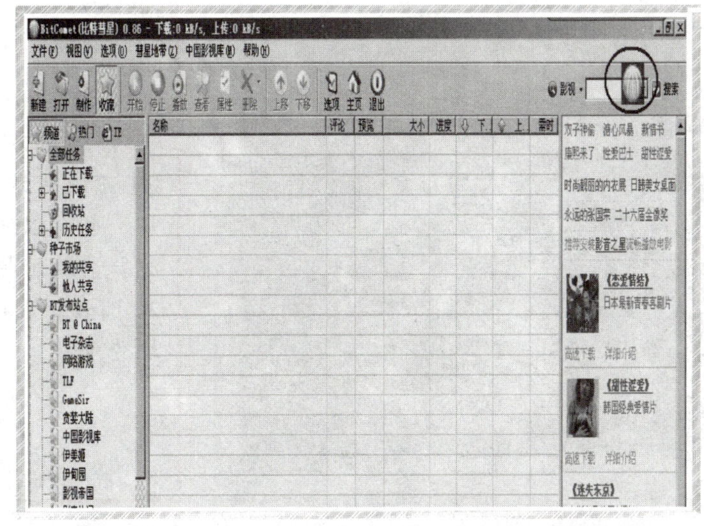

提示与说明

关闭操作窗口后，悬浮窗口和系统托盘中的BitComet 图标仍然存在。

如何寻找 BT 资源

由于现在 BT 下载已经很流行，所以有很多专门提供 BT 下载的网站。用户只要登录这些网站就可以搜索到他们想要的资源。有时候，如果想要的资源在某一个 BT 网站上没有，换一个 BT 网站再搜索，总能找到想要的资源的。在这一小节中，我们将要学习如何寻找 BT 资源。

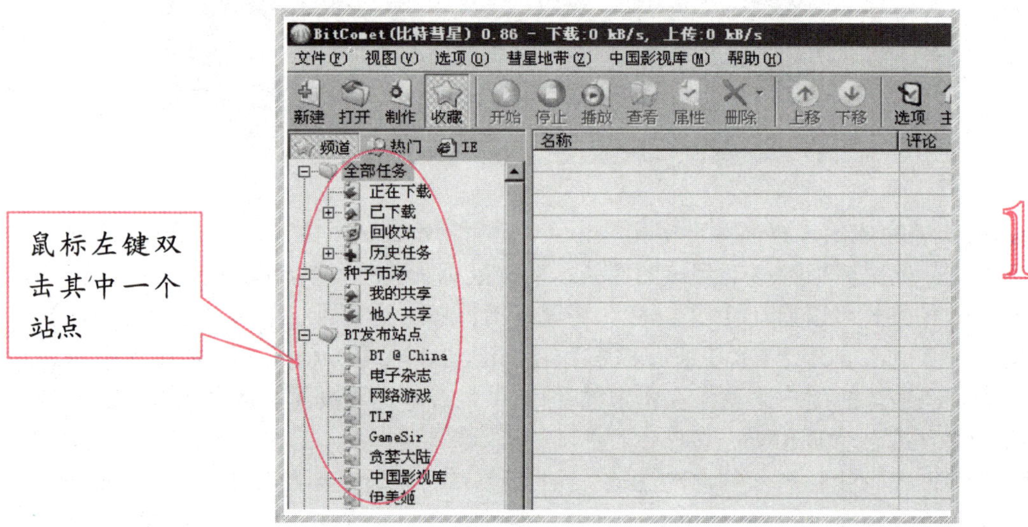

最直接的一种方法是找到 BitComet 操作窗口左边的“频道”，如图 1 所示。接着找到“BT 发布站点”，选择其中一个双击鼠标左键，在这里我们选择“BT@China”，浏览器就会自动登录到如图 2 所示的“BT@China”页面。在图中画圈位置选择镜像地址。这儿的镜像地址分为联通、网通、电信、海外镜像，选择您所属网络的镜像，点击鼠标左键。

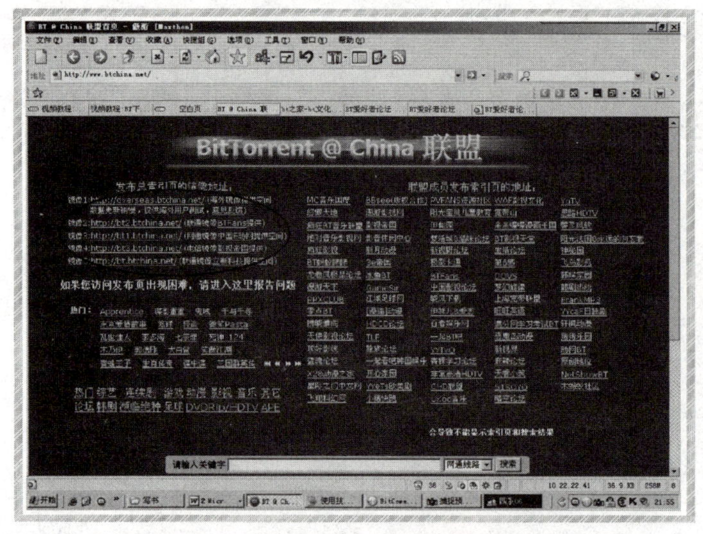

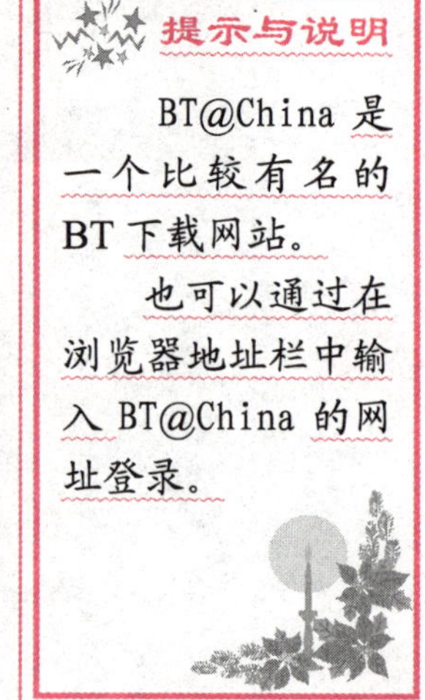
提示与说明

BT@China 是一个比较有名的 BT 下载网站。

也可以通过在浏览器地址栏中输入 BT@China 的网址登录。

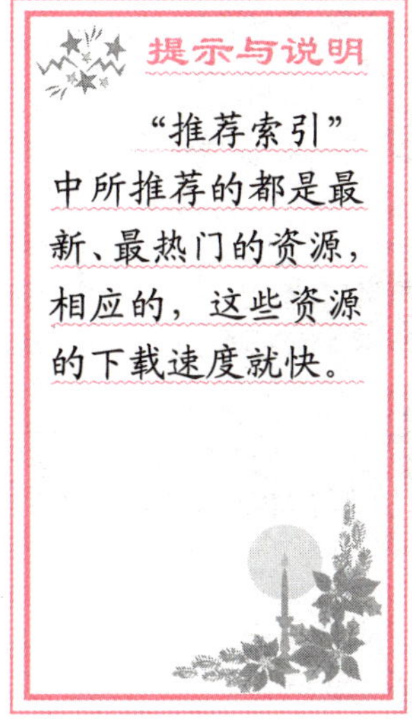

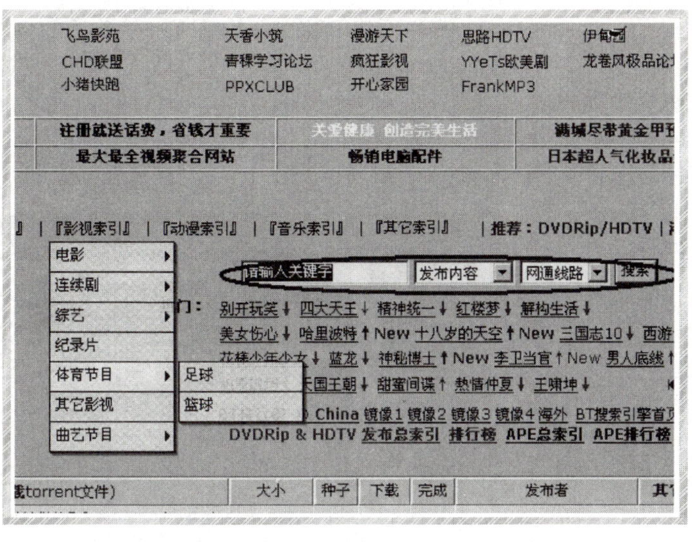

3

选择点击相应的镜像地址后，就会登录到如图 3 所示的页面。在这里就可以搜索想要找的资源了。在页面左边的搜索栏中(如图3中画圈位置所示)直接输入想要找的资源的名字，点击【搜索】。

用户还可以使用一种分类搜索法。将鼠标移动至搜索栏上边的“推荐索引”栏。比如想搜索影视，那么将鼠标移动至“影视索引”上，不用点击鼠标任何键，就会弹出一个下拉菜单，并且列出了“影视”分类下的子分类。可以看到子分类中有的分类有一个向右的箭头，有的没有，凡是有箭头的分类，说明在这个类别中还有低一级的分类。比如将鼠标移动至“体育节目”上，又会弹出“足球”和“篮球”两类，如图 3 左侧所示。

找到 BitComet 操作窗口中左下部分，点击“登录 BitComet 通行证”，弹出如图 4 所示的对话框，我们没有申请 BitComet 通行证账号，所以点击【注册账号】，在浏览器弹出的窗口中根据要求填写就可以拥有 BitComet 通行证账号。注册成功后，可以享受更为快捷的 BitComet 下载，获得中国影视库的最新资讯、积分累积等便捷。

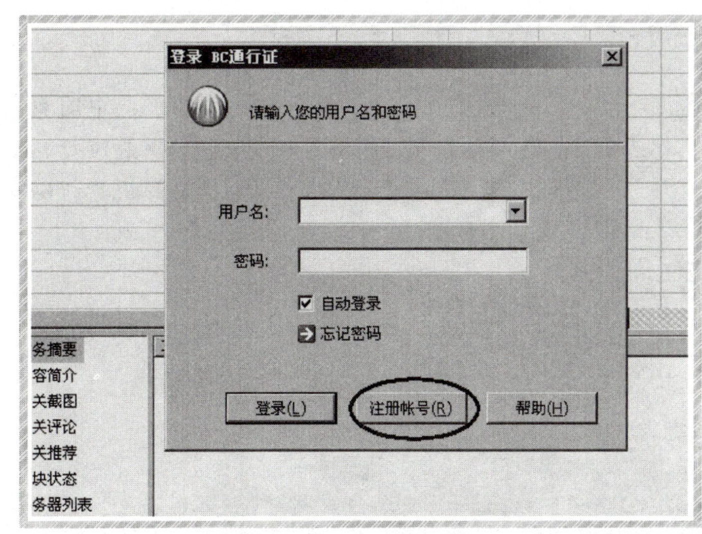

提示与说明

彗星地带是一个综合性的 BT 资源网站。

5

依次点击 BitComet 操作窗口中主菜单上的【彗星地带】|【地带首页】，我们就可以登录“彗星地带”首页，如图 5 所示。通过登录彗星地带主页，浏览现在最新上传的资料，这是寻找 BT 下载资源的另一个途径。彗星地带主页推荐了时下网民最关注的下载资料，可以通过浏览页面并点击感兴趣的项目来了解相关资料。

依次点击 BitComet 操作窗口中主菜单上的【中国影视库】|【影视库首页】，就可以登录“中国影视库”首页，如图 6 所示。中国影视库是专门提供最新影视资源信息以及最新影视资源下载的网站。通过浏览中国影视库，可以跟上影视潮流的步伐，了解北美电影票房排行榜，了解并下载感兴趣的电影……

彗星地带和中国影视库都提供了一个搜索窗口，如图 5、图 6 中画圈部分。通过搜索窗口，可以直接搜索我们感兴趣的资料。在搜索窗口中输入想寻找的资料，并点击【搜索】，就可以搜索与输入信息相关的资料。在搜索窗口的下面还列出了分类选项，先选择分类，再搜索，可以缩小搜索的范围，提高搜索资料的效率。

6

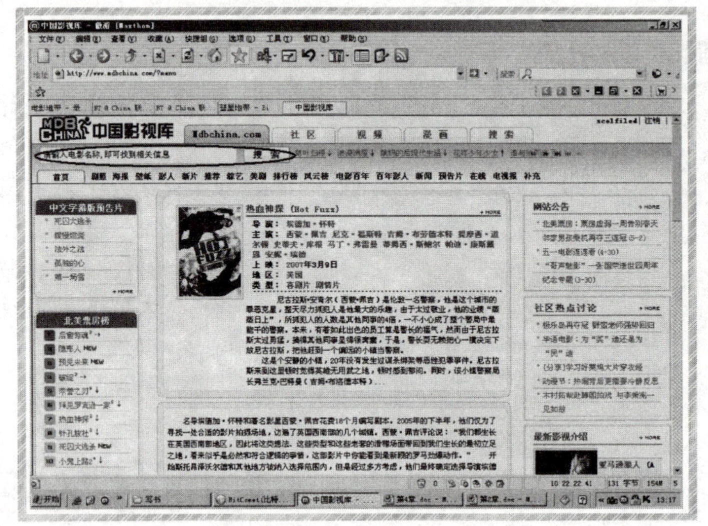

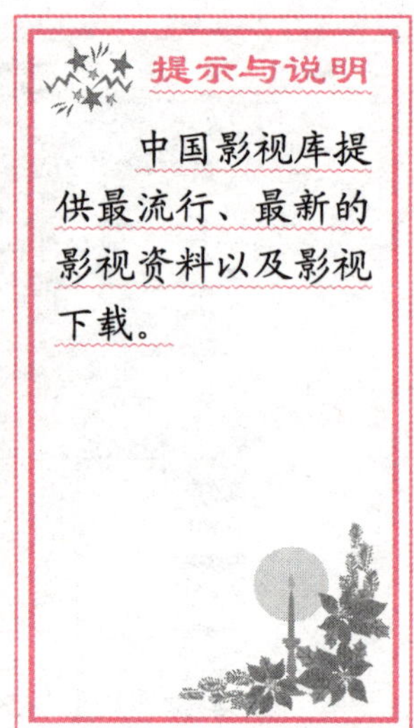

提示与说明

中国影视库提供最流行、最新的影视资料以及影视下载。

如何使用 BitComet 下载资料

你是不是有好多电影都没有看过？因为太忙没有时间到电影院欣赏，并且又不愿意购买马路边小贩兜售的盗版光碟，听着身边的朋友们谈得津津有味，怎么办呢？没关系，我们可以通过 BitComet 来下载影视数据，坐在家中也能一样地欣赏影视。在本节中，我们将通过下载美国魔幻电影《加勒比海盗 2》来学习使用 BitComet 的下载。

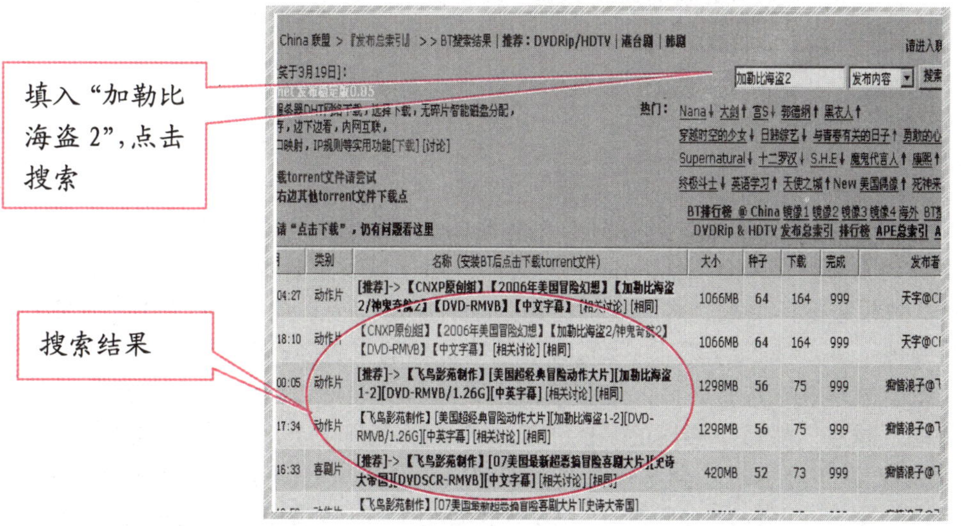

1

1．登录 BT@China 网站，选择所在网络，在搜索栏中填入"加勒比海盗 2"，点击【搜索】，出现搜索结果页面，如图 1 所示。

2．将鼠标移动到感兴趣的项目，停留一会儿，就会出现如图 2 所示的详细信息菜单，滚动鼠标滚轮可以查看该视频的内容简介，图片海报……。

2

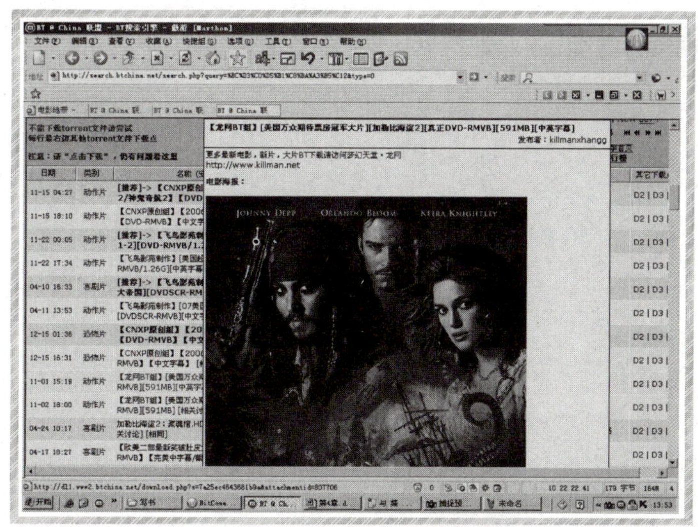

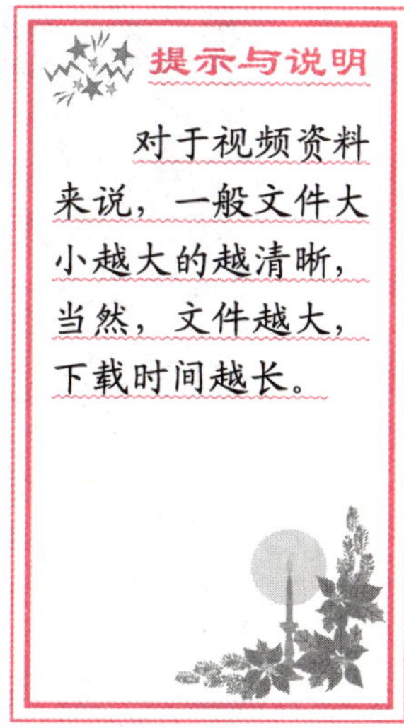

提示与说明

对于视频资料来说，一般文件大小越大的越清晰，当然，文件越大，下载时间越长。

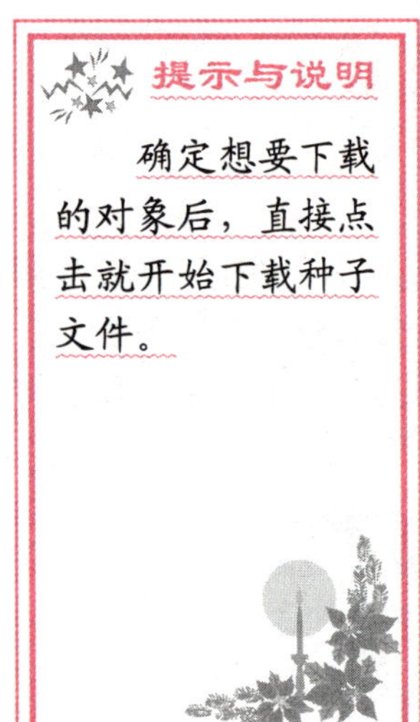

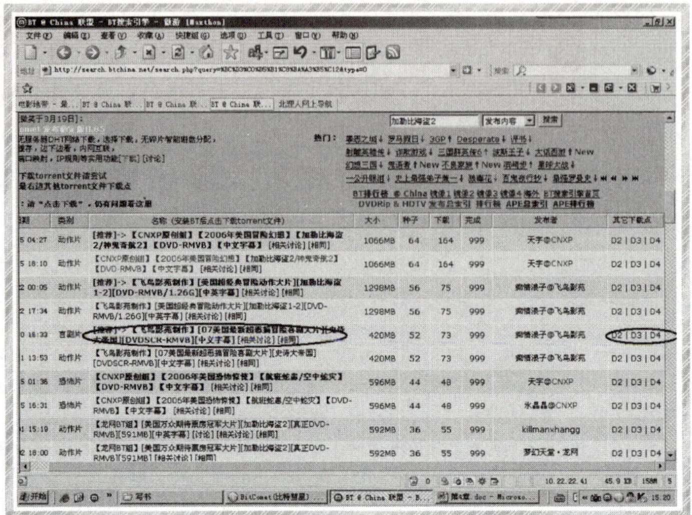

3

3．在查看文件的详细信息以后，选择好自己满意的文件就做好开始下载的准备了。在选择最终下载对象时，要注意权衡质量与时间的关系。对于视频文件来说，文件大小越大的，视频越清晰，效果越好，下载完成后欣赏时也是一种视听享受。还有，对于BT下载来说，最重要的是要种子多，种子越多，说明同时下载该文件的人越多，根据BT的原理，下载的人越多，速度也就越快。选择好后，请直接点击该项目的名称，如图3画圈位置所示。也可以点击“其他下载点”栏目下相应的“D2|D3|D4”中的任何一个，如点击“D2”。

4．点击名称后，浏览器窗口就会打开另一个新窗口，并弹出IE下载对话框开始下载，如图4所示。也许大家会有疑问，不是说IE下载方式有很多缺点吗？其实我们现在下载只是一个种子文件，并不是那个几百上千兆的视频文件，一个种子文件不超过100K，所以用IE下载也可以。我们还会发现，在开始下载种子前无法设置种子的保存路径，这是因为安装BitComet后，BitComet自动识别所下载文件是否是种子文件，如果是，则会要求IE将种子文件直接保存到BitComet的安装目录下。

4

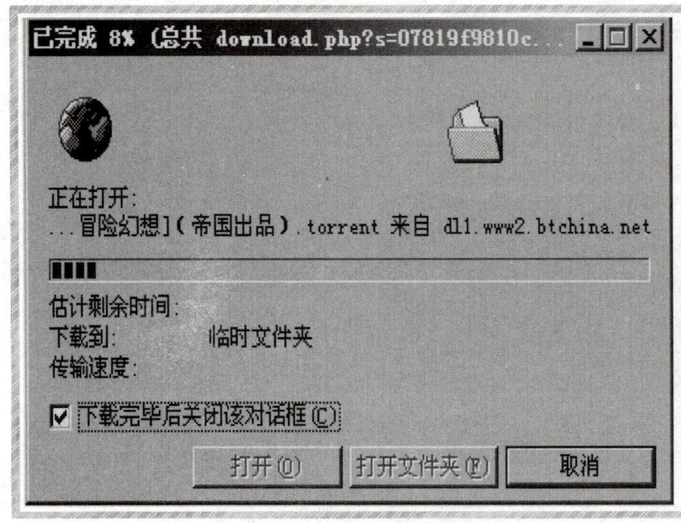

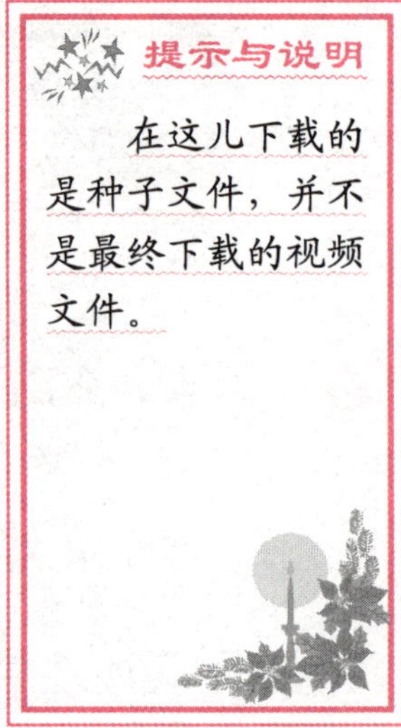

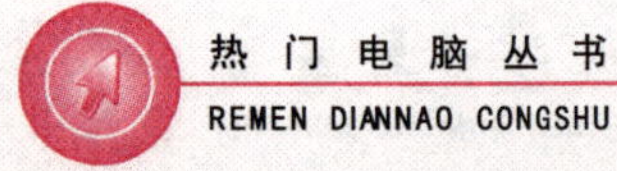

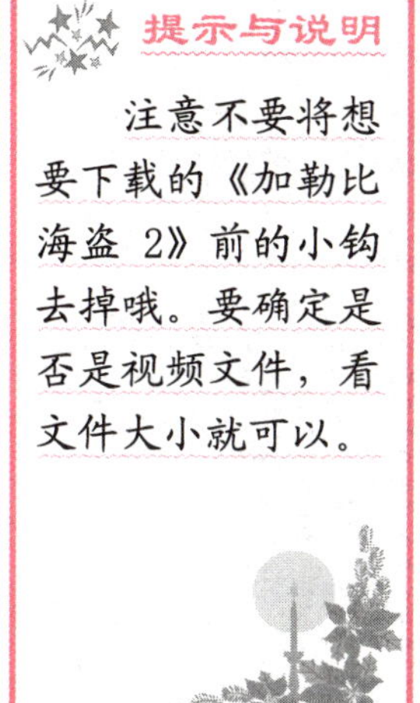

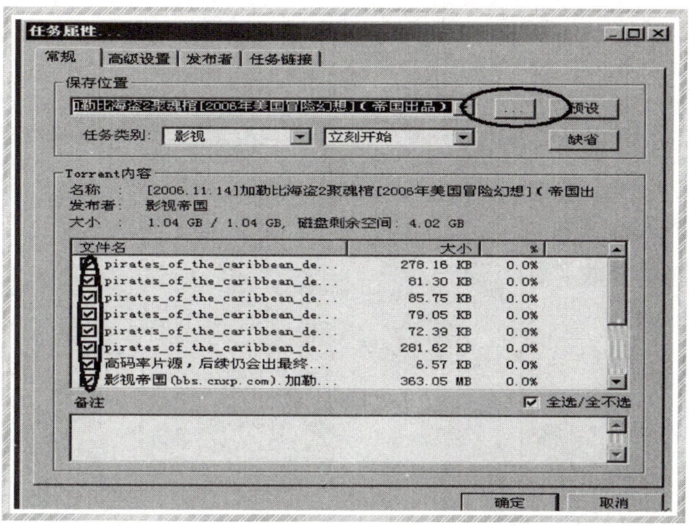

5

5. 在第4步下载种子完成后，BitComet会自动弹出如图5所示的“任务属性”对话框。在这里设置真正的电影《加勒比海盗 2》文件的下载信息。首先看“保存位置”，下载文件一定要记得更改保存位置，将下载文件保存到在第 1 章设置好的保存目录。对于本例，应该将保存位置设置为“E:\下载资料\视频”，点击保存位置栏右边的【...】图标，在弹出的对话框中设置路径，点击【确定】完成路径设置。

在“Torrent 内容”栏中，列出了将要下载的所有文件。我们可以看到，这些文件不仅包括要下载的《加勒比海盗 2》视频文件(文件大小比较大的)，还包括几张海报(扩展名为“.jpg”的文件)，以及一些广告文件，一般大小为 10K 以下。通过将文件前的小钩去除或者勾选，以此来决定是否下载该文件。这里将广告文件前的小钩去除，点击【确定】开始下载。

6. 点击【确定】后，BitComet弹出操作窗口，如图6所示，可以看到下载任务窗口中出现了下载任务，并且列出下载信息。同时悬浮窗口中出现了下载流量和上传流量。

6

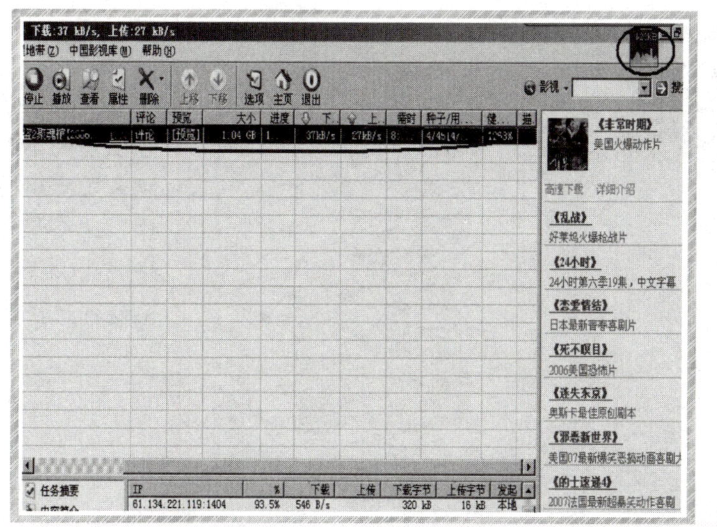

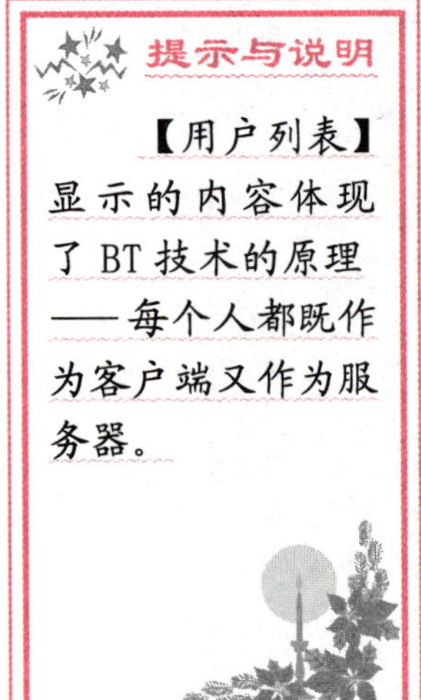

提示与说明

【用户列表】显示的内容体现了 BT 技术的原理——每个人都既作为客户端又作为服务器。

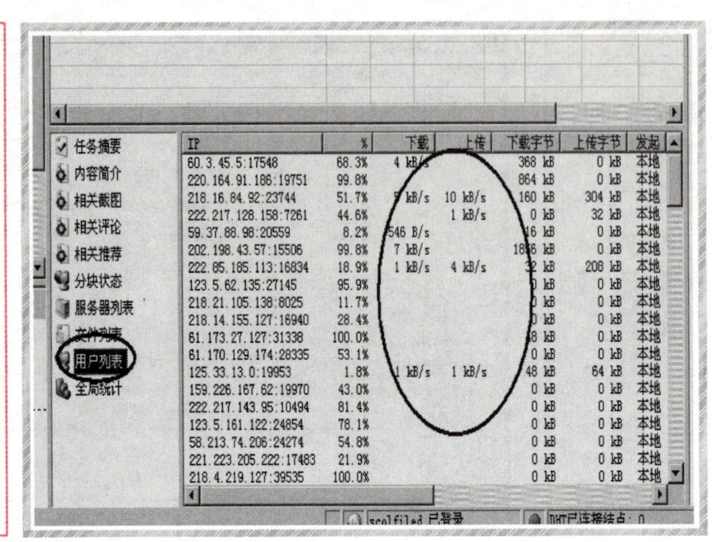

7

在下载过程中，可以通过 BitComet 操作窗口查看下载文件更多信息。在下载任务窗口下方的窗口，点击【用户列表】，如图 7 所示，我们可以查看现在正在下载《加勒比海盗 2》的其他用户的信息，包括他们下载的进度，下载的速度，上传的速度，下载字节，上传字节……点击【任务摘要】，就会列出正在下载文件的详细信息，与“用户列表”列出的信息相反，这里列出的是用户自己的下载信息，而且更详细；点击【分块状态】，这里显示整个视频文件被分成几大块。BitComet 将下载文件分成几块，这几块同时下载，提高了下载速度。

如果文件下载完成后，就需要关闭 BitComet，按照关闭软件的常规方法，点击 BitComet 窗口右上角的小叉，悬浮窗口和系统托盘中的 BitComet 图标并没有消失，这表明 BitComet 并没有真正关闭。关闭 BitComet 有三种方法（如图 8 所示）：第一种方法是点击 BitComet 操作窗口中快捷方式栏中的“退出”图标；第二种方法是右键点击悬浮窗口，在弹出的菜单中点击【退出】；最后一种方法是右键点击系统托盘中 BitComet 图标再点击【退出】。

8

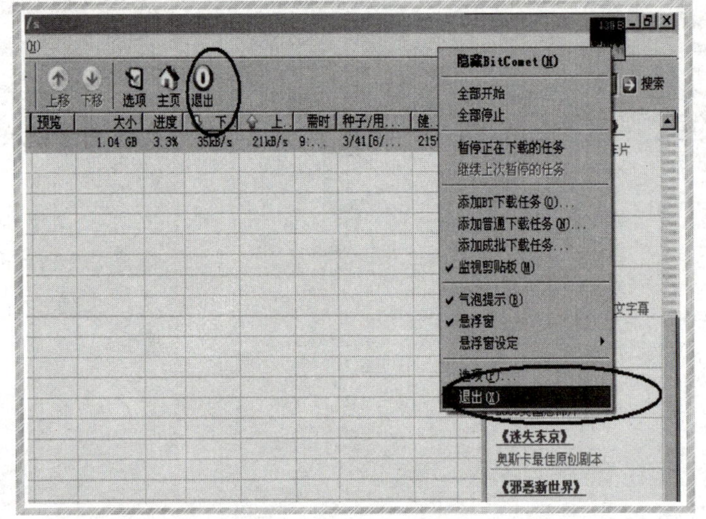

提示与说明

点击操作窗口右上角的小叉并不能真正实现关闭操作，这个操作只是将 BitComet 最小化到系统托盘。

BitComet 使用技巧

在学习了 BitComet 的基本下载方法后，就可以用它来下载资料了。不过，你是否觉得每次下载都要亲自设置路径太麻烦呢？你是否听说过 BT 下载会伤害硬盘，而当心自己电脑的硬盘受损呢？你是否觉得下载速度还不够快，能否更快些？我们将在这一小节中一一解决这些问题，并学会一些小技巧。

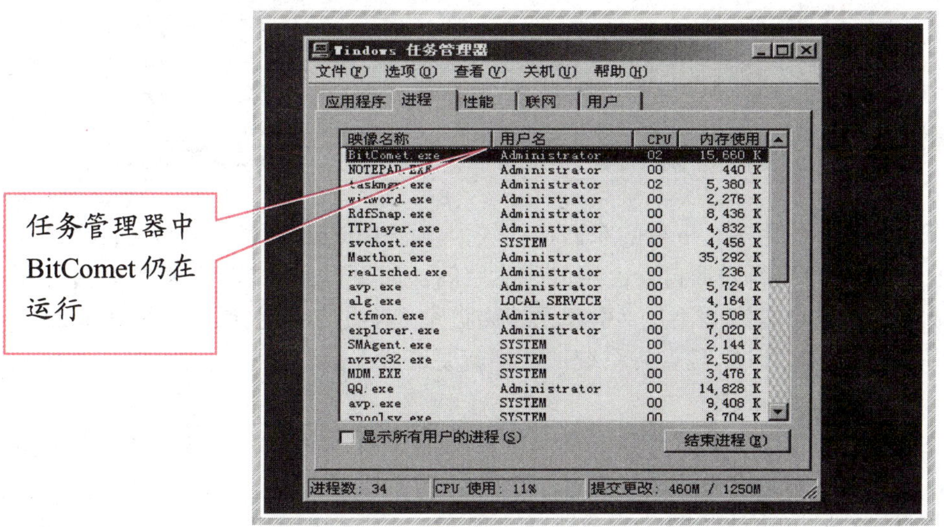

1

隐藏与显示：BitComet 提供了一个隐藏/显示功能，同时点击键盘上“Alt+～”键，就能隐藏或显示 BitComet。 但是用任务管理器查看，BitComet 仍在运行，见图 1。

防止休眠待机：在下载过程中，有时电脑会进入休眠待机状态，这样会影响下载。依次点击快捷方式栏中【选项】|【界面外观】，勾选“任务运行时防止系统进入待机/休眠状态”。

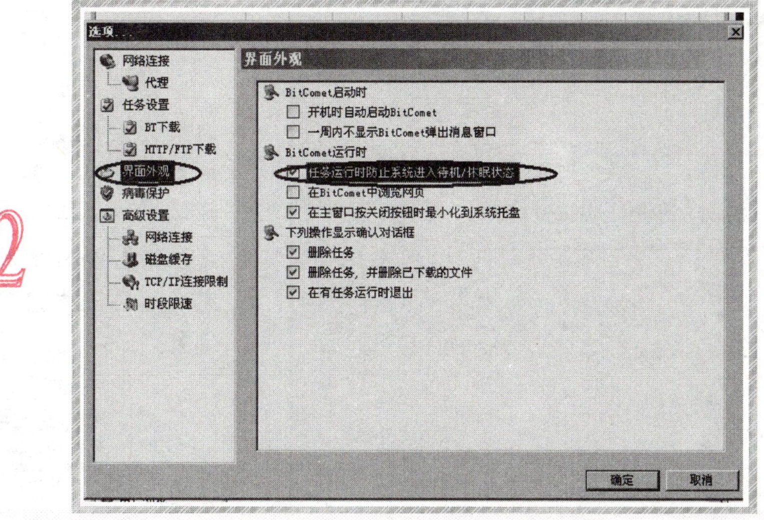

提示与说明

系统待机或休眠后，正在运行的程序都会停止，选定“任务运行时防止系统进入待机/休眠状态”后点击【确定】即可解决此问题。

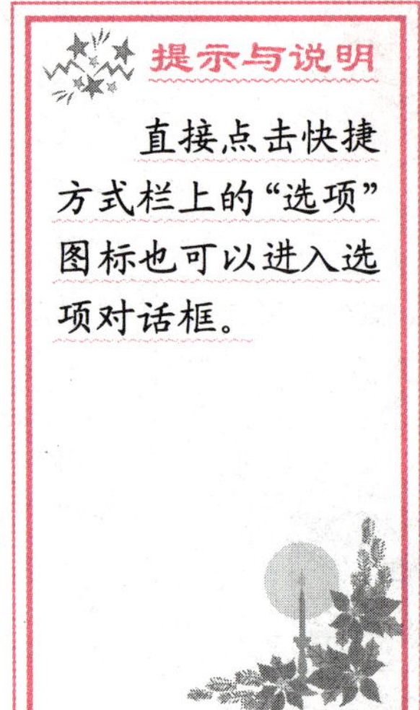

提示与说明

直接点击快捷方式栏上的“选项”图标也可以进入选项对话框。

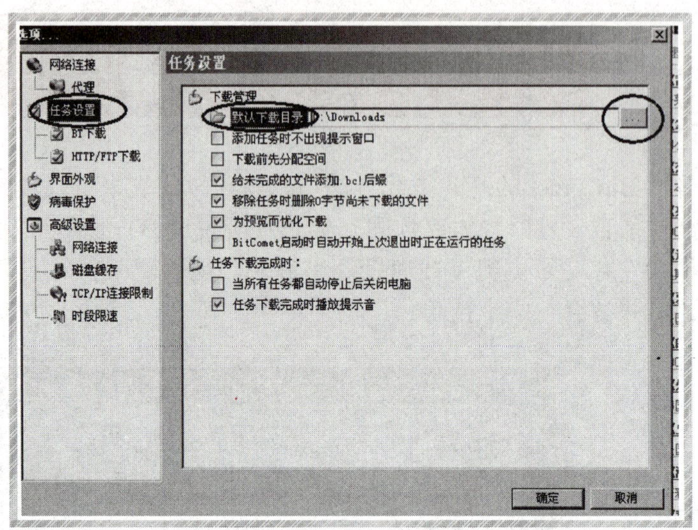

3

更改默认下载目录：使用 BT 下载的东西往往较大，而 BitComet 默认会将文件下载在“C:\Downloads”。系统会不断增加自身占用的磁盘空间，如果再加上不断下载的软件占用的大量空间，很容易造成 C 盘空间不足，引起系统磁盘空间不足和不稳定。另外，Windows 并不稳定，有时难免要格式化 C 盘重装系统，这样就要造成下载软件的无谓丢失，因此最好改变 BitComet 默认的下载目录。

依次点击主菜单栏中【选项】|【选项…】|【任务设置】|【默认下载目录】|【…】设置默认下载目录，如图 3 所示。这里应该设置成“E:/下载数据”。

更改已下载目录：刚刚更改了默认下载路径，现在来更改“已下载”类别及其下属子类别的路径，这样在第三节的第 5 步设置路径时我们直接点击类别就可以完成文件存放位置设置。比起点击【...】来设置路径方便多了。这里更改“已下载”类别的属性，鼠标对准“已下载”点击右键，出现右键菜单，选择“属性”弹出如图 4 的对话框，点击【浏览】可以更改“已下载”的存放路径，更改完毕后，点击【应用】。

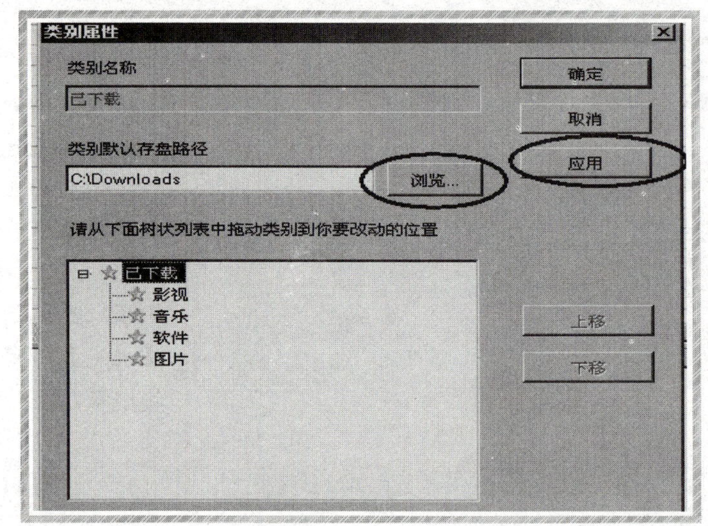

4

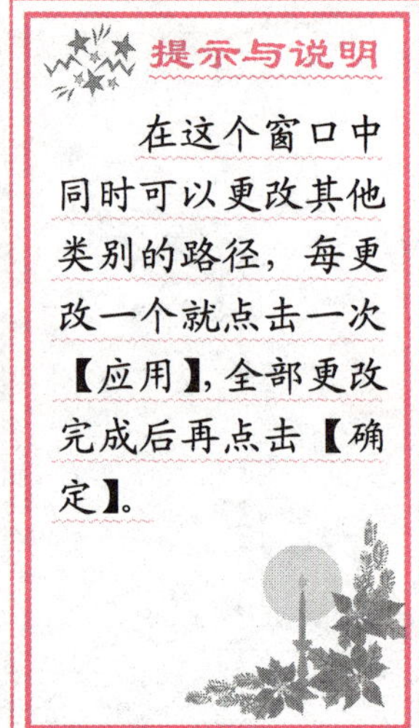

提示与说明

在这个窗口中同时可以更改其他类别的路径，每更改一个就点击一次【应用】，全部更改完成后再点击【确定】。

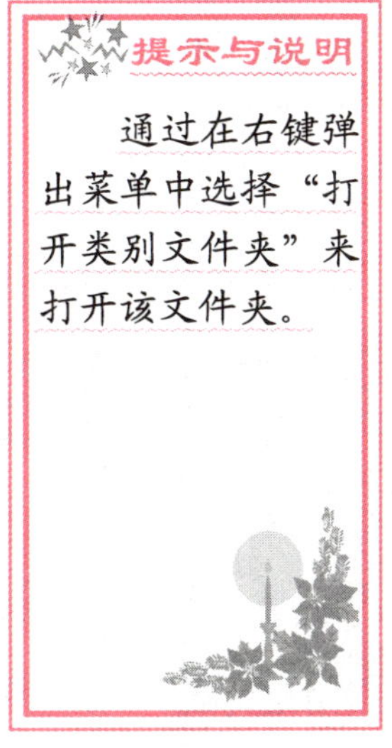

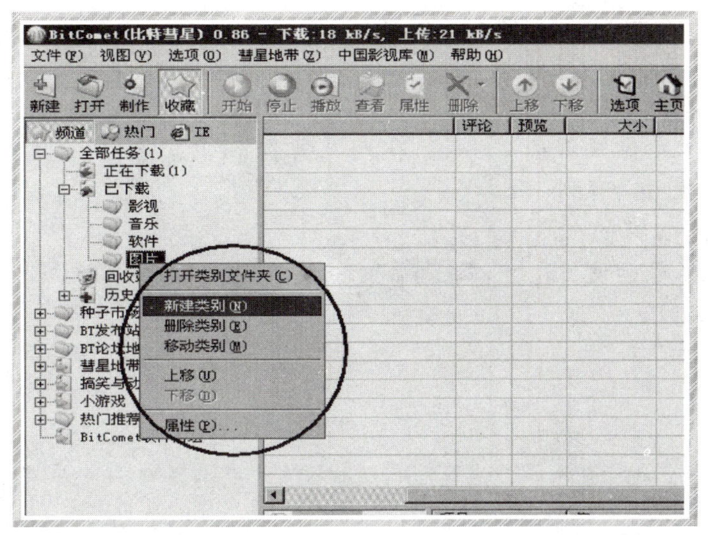

5

更改分类：如果发现现有的分类并不符合自己的分类喜好，比如 BitComet 默认的分类方式与电脑 E 盘中的分类方式不同，或者现有的分类方式要么过于繁琐，要么过于简单，我们都可以按照自己的意愿进行分类更改。

将鼠标移动到“已下载”区域，点击右键，弹出右键菜单，如图 5 所示。可以看到除了刚才提到的“属性”，还有“新建类别”、“删除类别”、“移动类别”、“上移”、“下移”几个选项，根据字面意思就可以创建想要的分类方式。

病毒扫描：在享受从网络上下载数据带来的好处的同时，也要冒着中电脑病毒的危险。和其他下载软件一样，BitComet 也同样提供下载完成后自动查杀病毒，如果下载的文件有病毒，则进行杀除操作。点击操作窗口快捷方式栏上的【选项】图标，弹出“选项”窗口，再点击“选项”窗口左端的【病毒保护】，勾选“下载完成后杀毒”，直接点击该对话框中的【自动检测】按钮，则 BitComet 会自动检测安装在我们电脑上的杀毒软件，检测完毕后会在该按钮旁边出现检测结果，如图 6 画圈位置所示，点击检测结果，再点击【确定】。

6

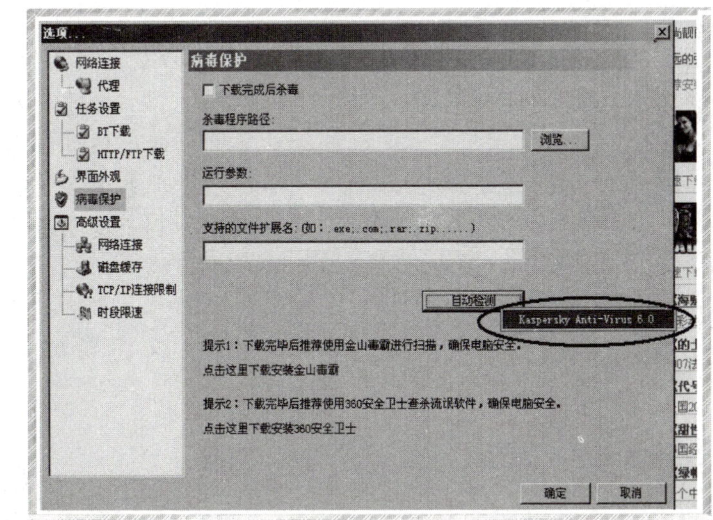

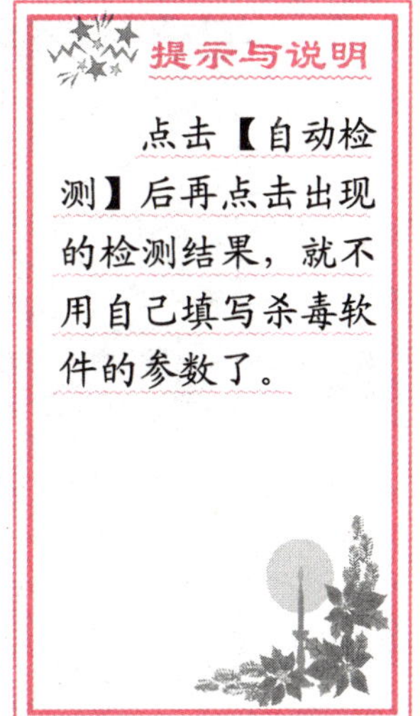

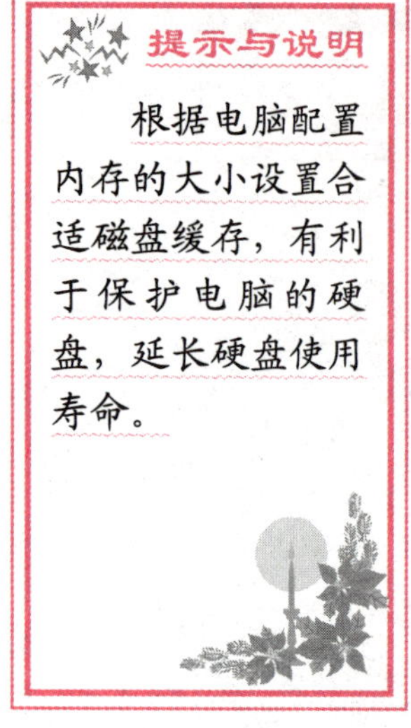

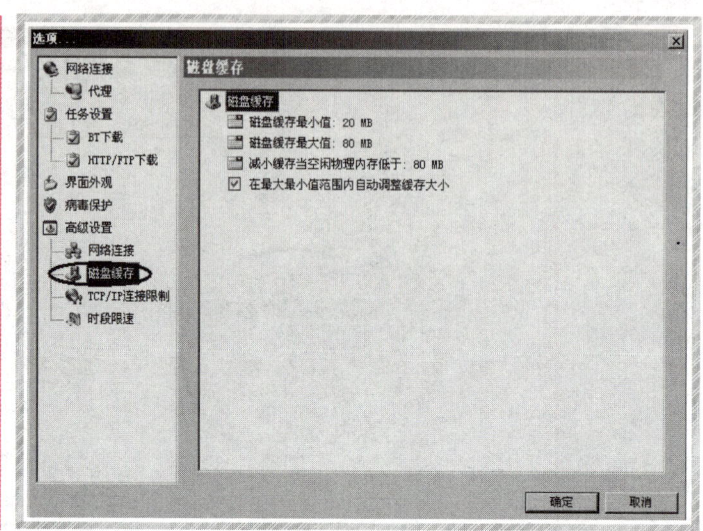

7

设置缓存：BT之所以能提供这么高的下载速度，是因为在下载文件的同时，也为别人提供着这个文件的下载服务。一种观点认为：当一个文件有 N 个人下载的时候，硬盘就要承受 1 次下载和 N－1 次上传(即你给别人提供的下载)，如果有 N×10 或者 N×100 个人在同时下载，硬盘的负荷将大大增加，造成损坏的几率也大大增加。与一般场合相比，使用 BT 会对硬盘进行更频繁的读写操作，在一定程度上，会加快硬盘的老化，但是如果我们注意使用时间并采取一定的优化措施，这种影响可以忽略。

如果将磁盘缓存设置得大些，就会减少下载过程中对磁盘的读写次数，起到保护磁盘的作用，但是如果把磁盘缓存设置的过大，就会占用系统内存，有可能导致在运行需要频繁读写磁盘的程序时电脑速度变慢，需要权衡后设置。

点击快捷方式栏上的“选项”图标，在弹出的对话框中选择“磁盘缓冲”，如图 7 所示。点击如图 8 中画圈所示的按钮进行设置。如果电脑的内存是 512M 的，最小值和最大值分别设置成 30M 和 120M；如果内存为 1G，最小值和最大值可以设置为 70M 和 200M。

8

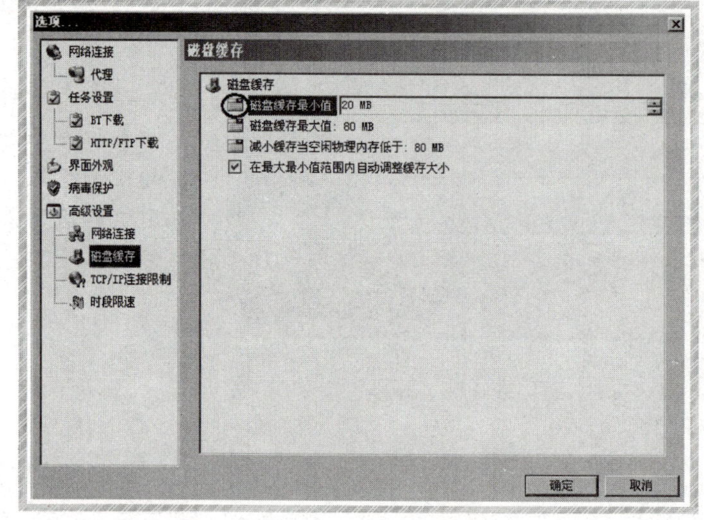

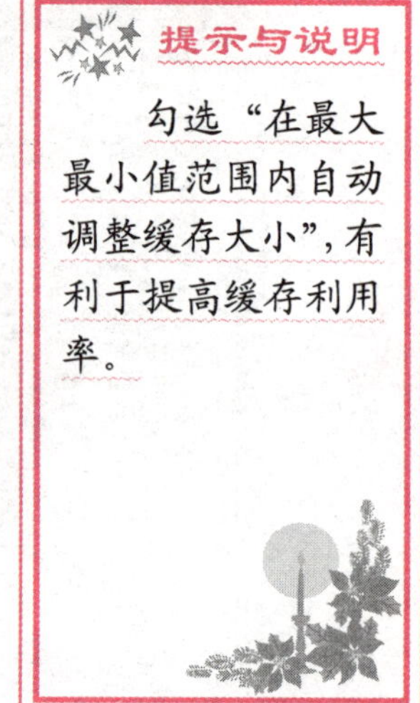

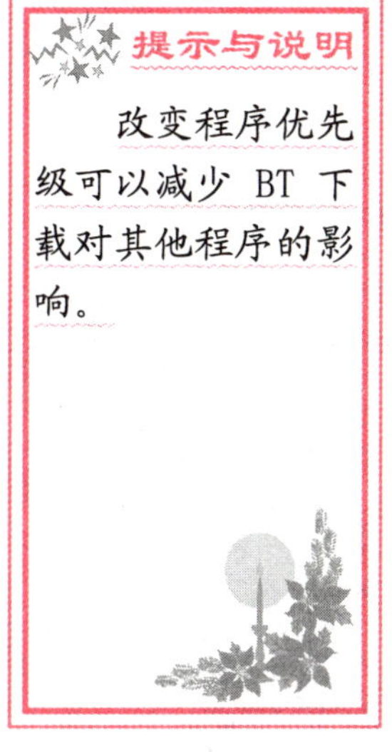

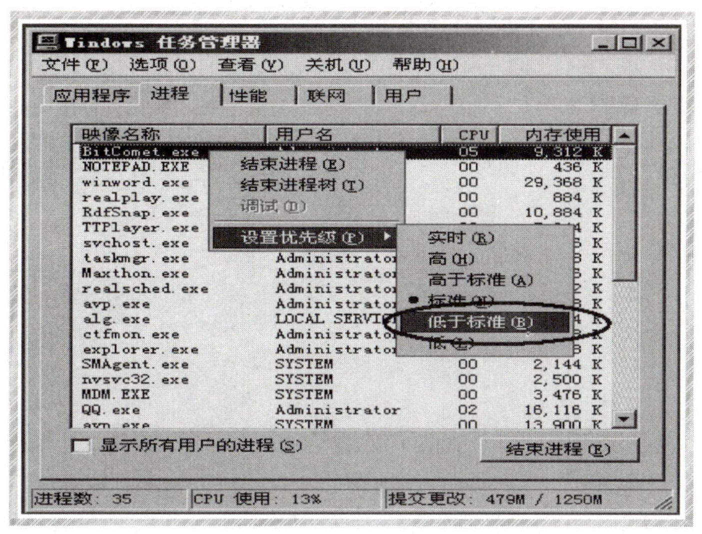

9

改变程序优先级：BT 占用资源较多，使用时可能会对系统的性能产生一定的影响。如果您用的是 Windows 2000/XP，则可以用任务管理器降低所有 BitComet 的优先级，这样即使它要占用资源，也不会对其他应用程序产生太大的影响。具体方法是，用键盘“Ctrl+Alt+Del”组合键启动“Windows 任务管理器”，在“进程”选项卡中，用鼠标右键点击 BitComet 软件进程，弹出右键菜单，如图 9 所示，在“设置优先级”选单中选择“低”或者“低于标准”即可。

速度设置：如果是 ADSL 用户，其上传的带宽很低，如果满足不了链接点的带宽就会出现很多错误影响正常的链接速度，所以建议 ADSL 用户上传的速度限制应该设置为自己的最大值。1M ADSL 的上传速度应设置为 64kB/s，2M ADSL 当然是 128kB/s。至于电信光纤的用户，官方建议是 1000kB/s 以下，为下载速度的 80%。至于上传速率，由于上传速率越大，下载速率也就越大，直接保留默认设置就可，即无限制。点击快捷方式栏中“选项”图标，在弹出的窗口中点击【网络连接】，如图 10 所示，根据前面的推荐设置速率，点击【确定】。

10

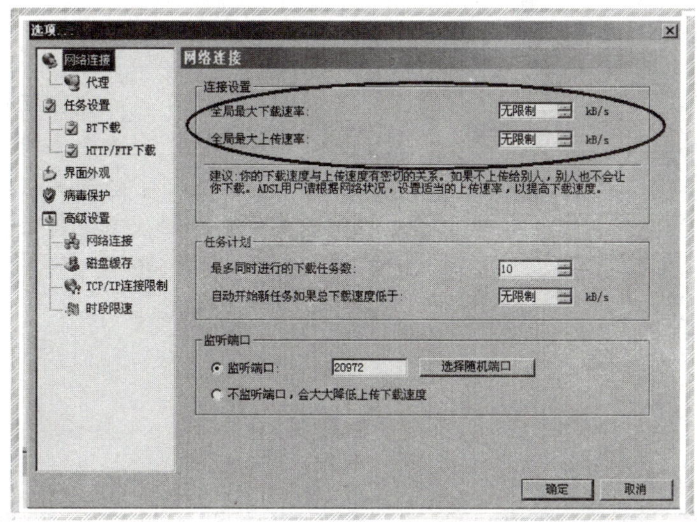

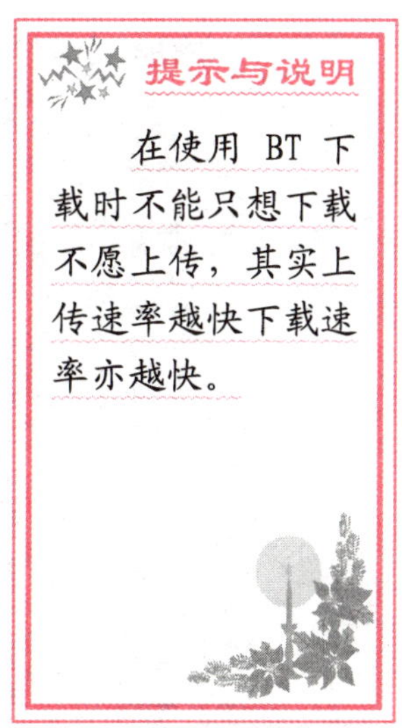

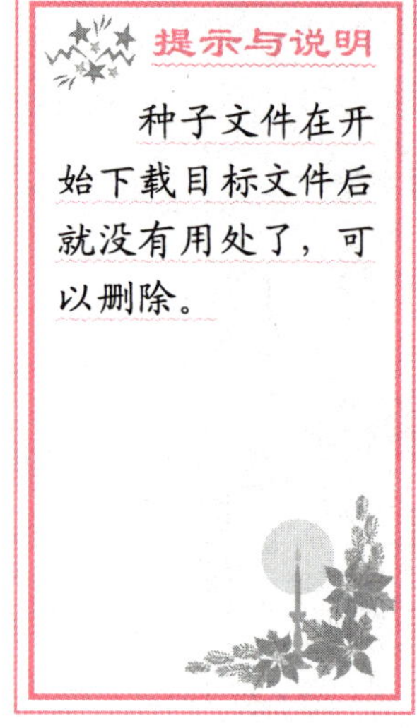

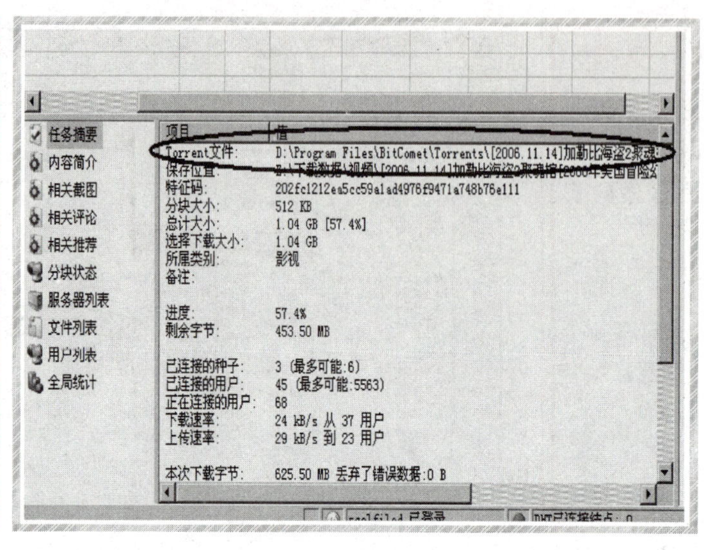

11

删除种子文件：在每次下载想要的文件之前，BitComet 总会出现下载相应的种子文件（也就是以“.torrent”结尾的文件）来实现下载对象的链接。每当链接成功后，这个种子文件也就没有用处了，然而它仍然保存在电脑中，如果我们不对种子文件进行处理，随着下载数量的增多，种子文件会在电脑中越积越多，虽然种子文件很小，但是小河也会汇聚成大海，因此，应该定期清理。

点击窗口左边的“正在下载”，就会看到下载任务栏中正在下载的文件信息。再点击该下载对象，使任务背景变蓝，如图 11 所示。再点击窗口中下部分的“任务摘要”，查看图中画圈的位置，显示 torrent 文件存放的路径，根据所示的路径找到该种子文件删除即可。

自动关机：使用 BT 下载是一件比较耗时的事，少则几分钟、多则几个小时。总不至于为了等待关机而傻坐几个小时吧？事实上，我们完全可以让它下载完成后自动关机：点击快捷方式栏中“选项”图标，在弹出窗口中选择“任务设置”，勾选“当所有任务都自动停止后关闭电脑”，点击【确定】，这样，下载完成后就会自动关闭电脑。

12

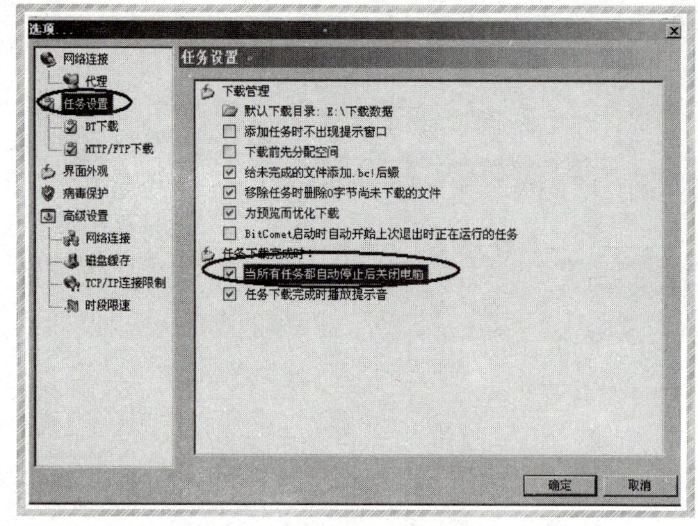

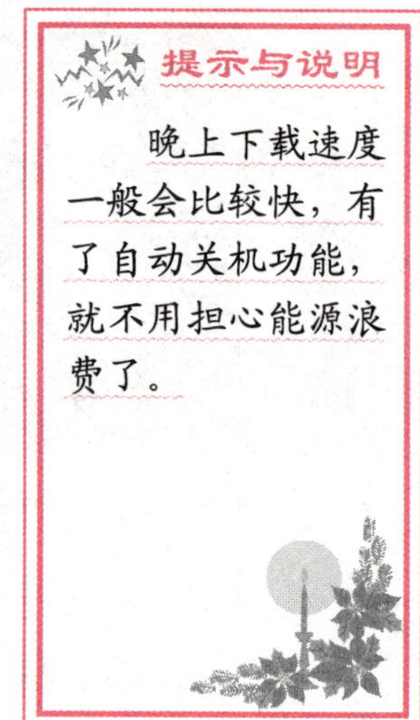

第5章 如何使用电驴下载

本章要点

- ☑ 初识电驴
- ☑ 准备用电驴下载资料
- ☑ 怎样搜索电驴下载资源
- ☑ 怎样下载资源
- ☑ 怎样上传资源
- ☑ 如何设置电驴

何为“电驴”？乃英文名称 edonkey 之义也。

用户用电驴软件把各自的 PC 连接到电驴服务器上，而服务器的作用仅是收集连接到服务器的各电驴用户的共享文件信息（并不存放任何共享文件），并指导 P2P 下载方式。

“我为人人，人人为我”是使用电驴的基本宗旨，我们在骑驴享受快乐的同时，不要忘了给其他驴友提供方便，让我们的资源也能被别人下载。

在这一章中，将学习电驴的使用方法。经过本章的学习，基本上就可以从一个“赶驴的”变成一个“骑驴”高手了，不管你“正骑”还是“倒骑”，都没有问题。如果掌握了本章最后电驴使用技巧并能熟练运用，大家甚至可以成为“八仙”中的张果老了。

好了，现在就开始学习怎样驾驭我们的“驴子”吧！

初识电驴

电驴是一款 P2P 软件。其中 P2P 是 “peer-to-peer” 的缩写，peer 在英语里有“（地位、能力等）同等者”、“同事”和“伙伴”等意义。这样一来，P2P 也就可以理解为“伙伴对伙伴”的意思，或称为对等联网。

根据 P2P 的定义，电驴可以理解为一款共享每个人电脑中资料的软件。

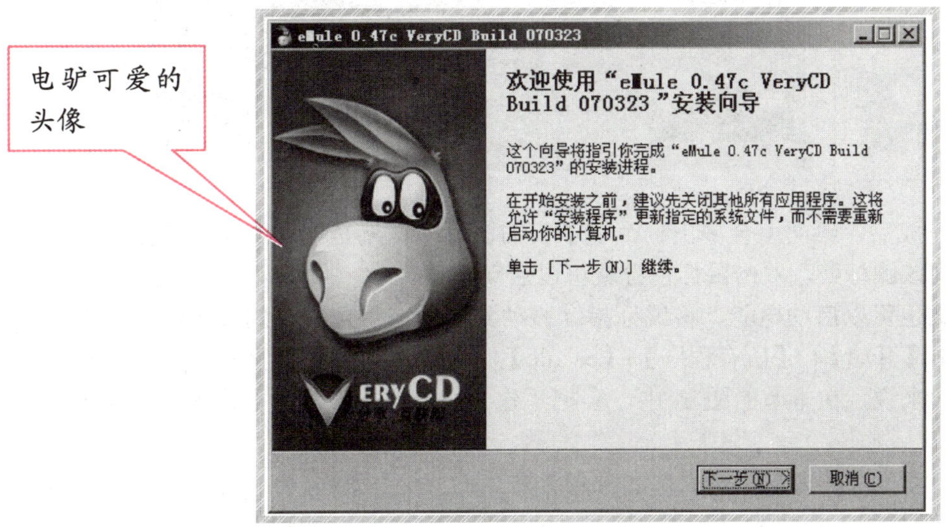

1

在网上搜索并下载电驴，找到电驴的安装文件，是一个装在箱子里的驴子，双击该图标，出现如图 1 所示的安装界面，点击【下一步】开始安装。

在选择组件对话框中，将“开机时自动运行 eMule”和“将上网导航设为主页”选项前的小钩去掉，如图 2 所示，避免降低电脑开机速度以及使浏览器清洁。

2

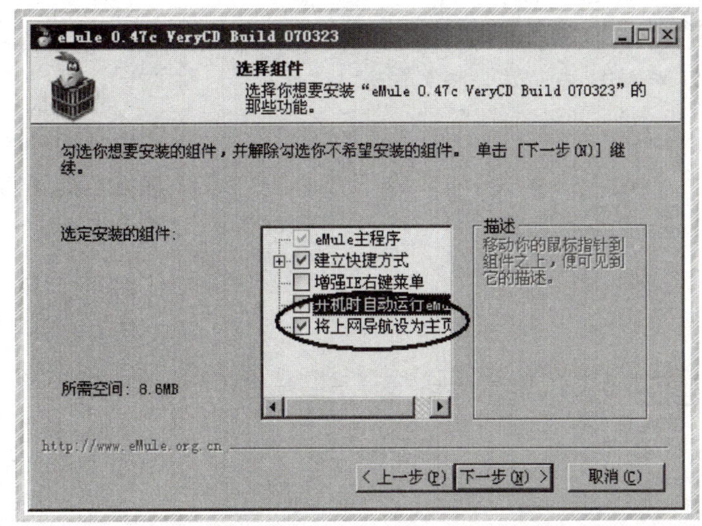

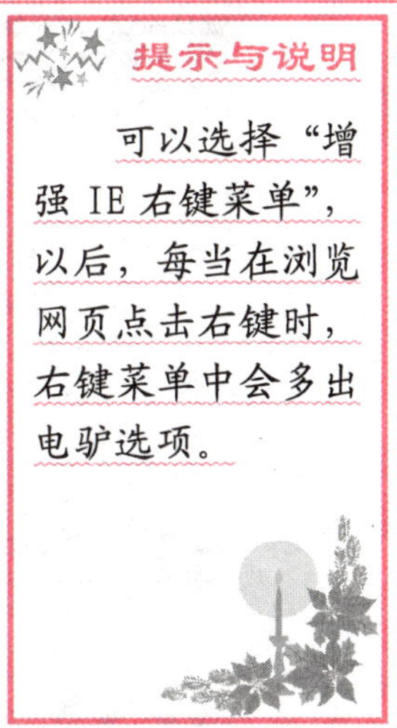

提示与说明

可以选择“增强 IE 右键菜单”，以后，每当在浏览网页点击右键时，右键菜单中会多出电驴选项。

提示与说明

有 3 种方法可以启动电驴。

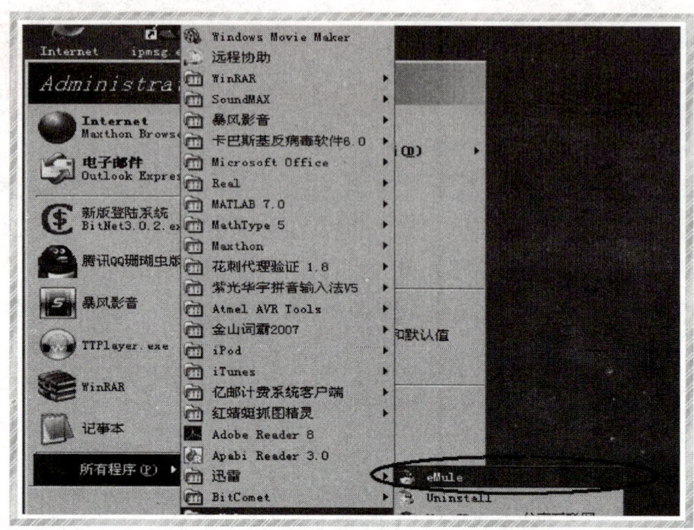

3

电驴安装完成后，桌面上会多出一个驴子头的图标，这就是电驴的桌面快捷方式。把鼠标指针移动到该图标处，双击鼠标左键就可以启动电驴。

另一种方式也可以启动电驴。将鼠标指针移动到桌面左下角，看到【开始】键。依次用鼠标左键点击【开始】|【所有程序】|【eMule】|【eMule】，如图 3 所示。对于喜欢桌面干净整洁的用户来说，在本节的图 2 中，会把“建立快捷方式”前的小钩去掉，就用本种方式启动电驴。

最后一种启动电驴的方法点击桌面底部任务栏上的“>>”图标，在菜单中选择“eMule”就可以启动电驴。

在用以上三种方法启动电驴后，就可以看到如图 4 所示的界面，同时在桌面右下角的系统托盘中多出了电驴的图标。电驴的初始操作界面相对简洁，没有“文件”、“工具”等主菜单，只有快捷方式栏，并且初始快捷方式栏中的选项并不多，需要手动增加快捷方式图标。

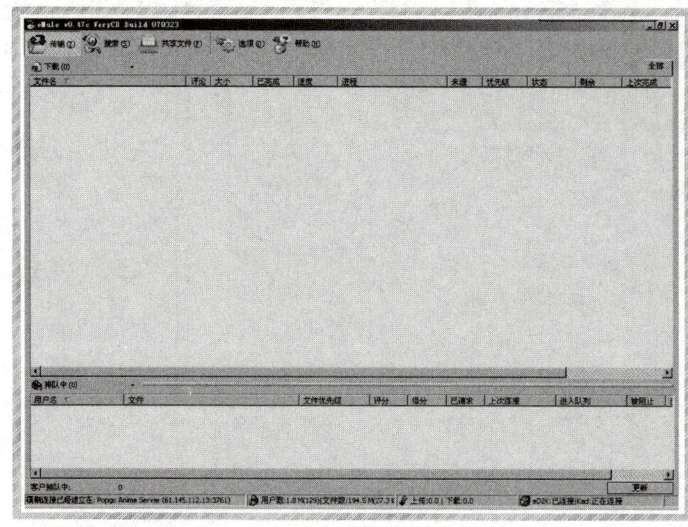

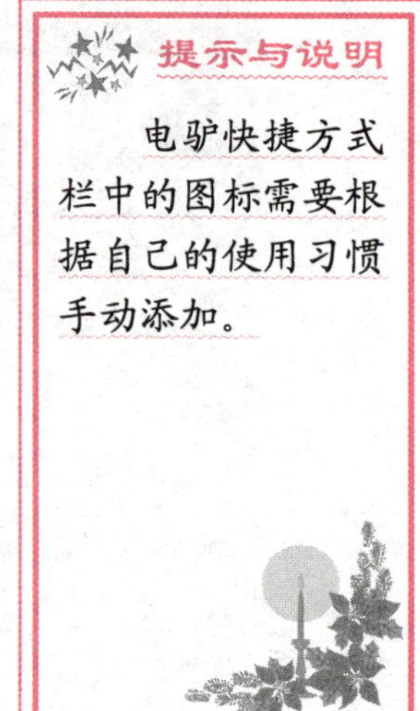

提示与说明

电驴快捷方式栏中的图标需要根据自己的使用习惯手动添加。

准备用电驴下载资料

电驴的功能强大，在使用电驴下载之前，需要做一些准备工作，并且同时学习有关电驴的一些基础知识。

在上一节提到过电驴初始快捷方式栏中的选项很少，需要自己添加快捷方式图标，下面来学习怎样添加快捷方式图标。

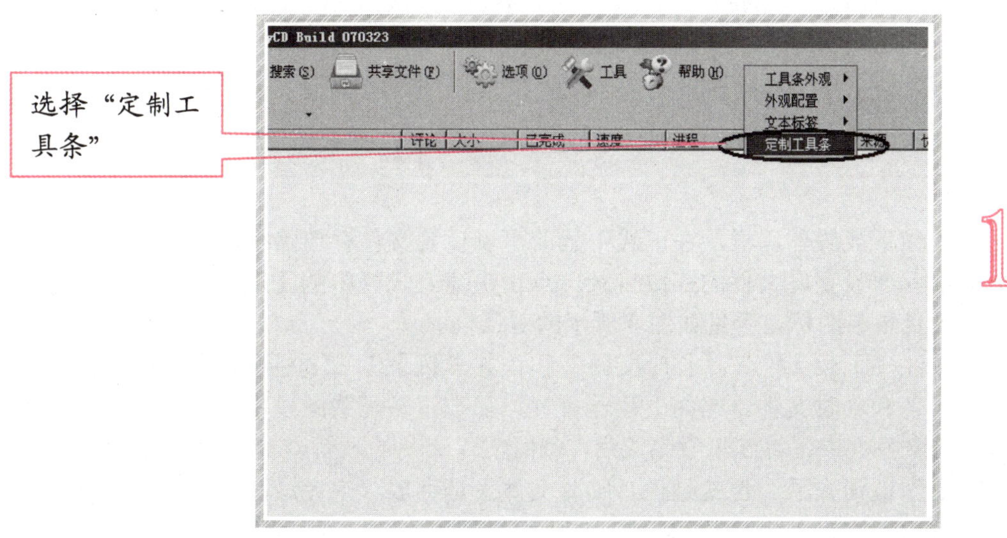

将鼠标移动到快捷方式栏中没有图标的位置，点击鼠标右键，出现右键菜单，如图 1 所示，选择“定制工具条”。之后出现如图 2 所示的对话窗口。在对话窗口的左边选择一个快捷方式，如“断开连接”图标，该图标背景变蓝，表示选中，点击对话窗口中间的【添加—>】，则“断开连接”图标就会从左边消失，进入“当前工具栏按钮”栏中。

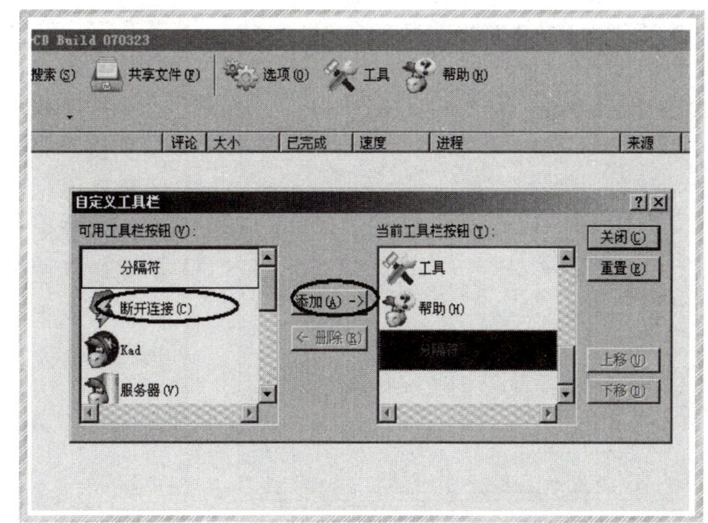

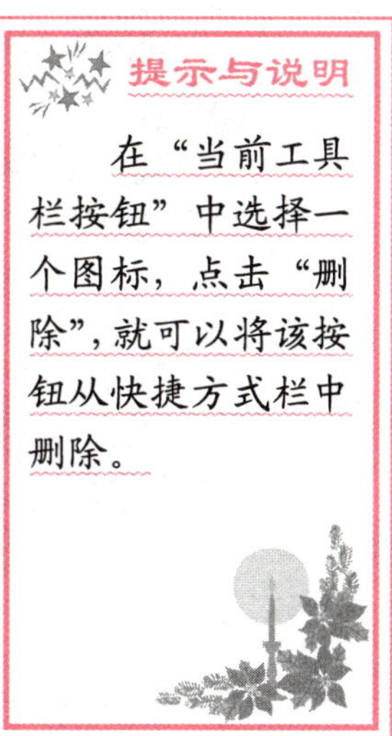

提示与说明

在“当前工具栏按钮”中选择一个图标，点击“删除”，就可以将该按钮从快捷方式栏中删除。

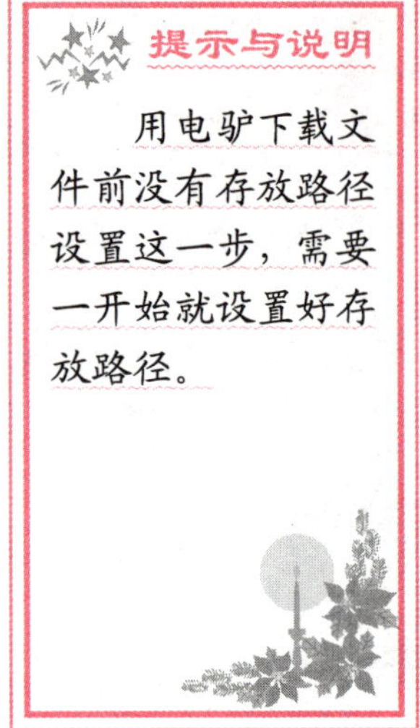

提示与说明

用电驴下载文件前没有存放路径设置这一步，需要一开始就设置好存放路径。

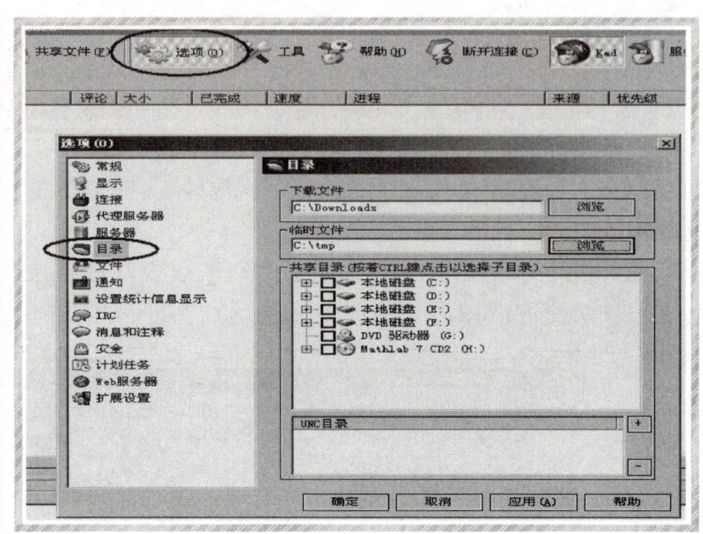

3

电驴不像其他下载软件那样，在正式下载前可以设置文件存放路径，所以要在第一次使用电驴下载前就要设置好文件的存放目录。点击快捷方式栏中的【选项】按钮，在弹出的窗口中选择【目录】图标，看见如图 3 所示的对话框。

这里需要关注“下载文件”、“临时文件”和“共享目录”三个栏目。举个例子解释一下什么是下载文件和临时文件。比如下载一首歌，那么正在下载的过程中，这首未完成下载歌就存在临时文件夹中，等到下载完成后，临时文件夹中的歌就会转移到下载文件夹中，临时文件夹中的歌就消失了。也就是说，临时文件夹是存放“未完成品”的地方，下载文件夹是存放“成品”的地方。

安装电驴后，默认的下载文件和临时文件的路径一般是 C 盘，而系统都是装在 C 盘，为了系统安全以及我们下载文件的安全，需要修改存放路径。点击下载文件中的【浏览】，在弹出的对话框（如图 4 所示）中依次点击【本地磁盘(E:)】|【下载数据】|【确定】，完成下载文件的路径设置。

4

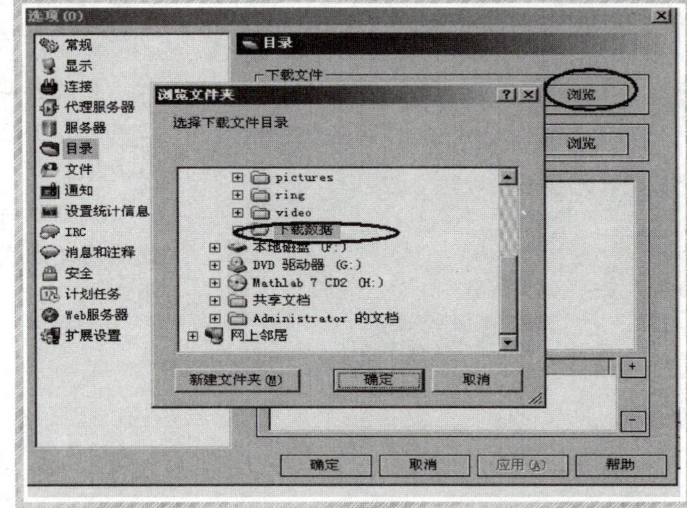

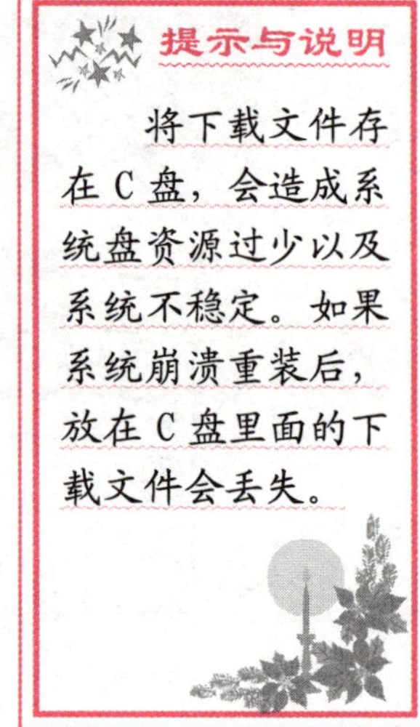

提示与说明

将下载文件存在 C 盘，会造成系统盘资源过少以及系统不稳定。如果系统崩溃重装后，放在 C 盘里面的下载文件会丢失。

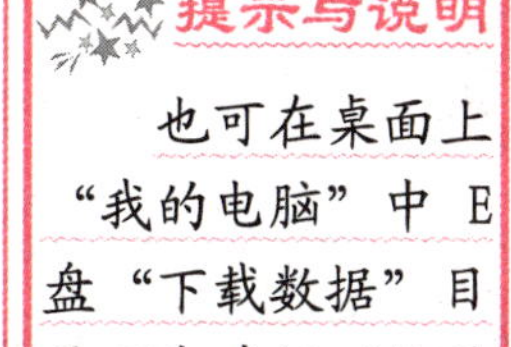

提示与说明

也可在桌面上“我的电脑”中E盘“下载数据”目录下先建好“临时文件”，再来进行路径设置。

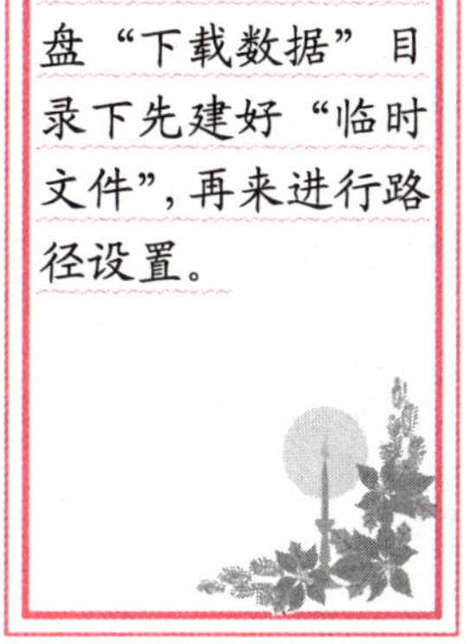

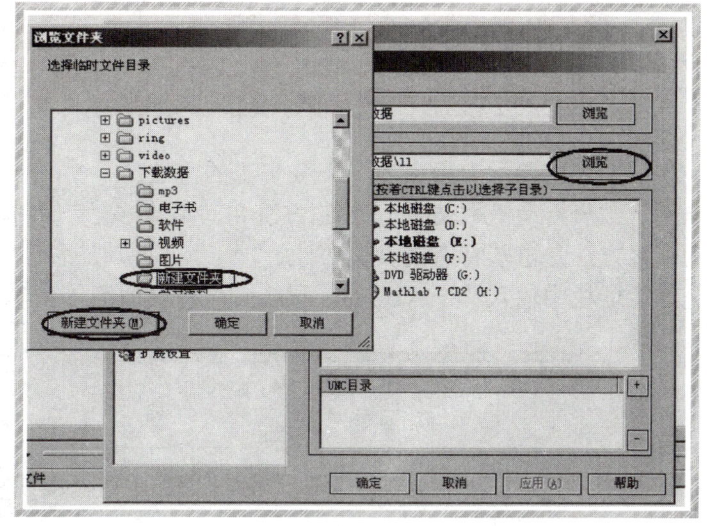

5

下面设置临时文件的存放路径。点击“临时文件”栏下的【浏览】，弹出“浏览文件夹”对话框。由于在第1章设置文件分类时并没有设置临时文件夹这一个类别，所以需要新建一个临时文件夹类别。先在“浏览文件夹”对话框中依次点击【本地磁盘(E:)】|【下载数据】，再点击对话框左下角的【新建文件夹】，这时在“下载数据”目录下会出现一个背景为蓝色的“新建文件夹”，修改这个文件夹的名字为“临时文件”，点击【确定】完成设置。

电驴的思想是大家互相共享自己电脑上的资料，因为每个人电脑上的资料一般是自己认为最好、最有保存价值的东西。我们是电驴软件的使用者，有义务共享自己的资源。所以要设置自己能够共享的目录。“共享目录”就是完成这个设置的，在这一栏中可以选择自己想要供共享的分区、目录和文件。决定共享那个分区中的哪些文件后，只要勾选这些文件前的方框就可以完成共享设置。比如说，要共享电脑中“下载资料”文件夹中文件，在“共享目录”中找到下载资料文件夹，在其前面的小方框中打勾，点击【确定】完成设置。如果把已经有小钩方框中的钩去除，就表示不共享这个文件夹。

6

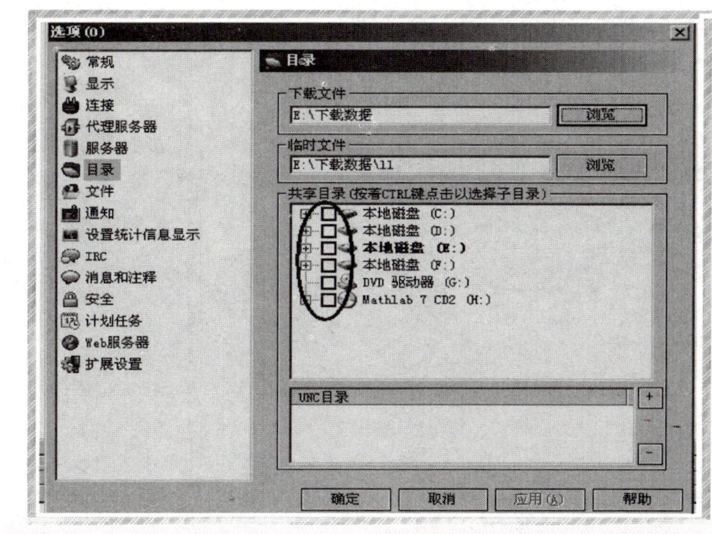

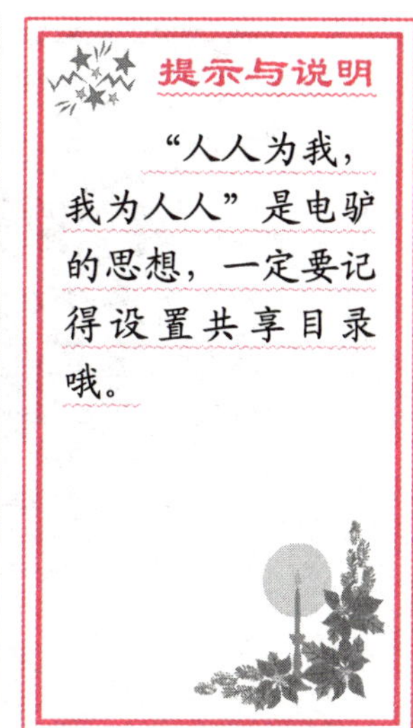

提示与说明

“人人为我，我为人人”是电驴的思想，一定要记得设置共享目录哦。

怎样搜索电驴下载资源

在这一小节中，将要学习搜索电驴下载资源的方法。

搜索电驴下载资源有几种方法。有的方法和其他大多数下载软件的资源的搜索方法类似，而有的搜索方法是电驴特有的搜索方法。

在浏览器地址栏中输入“www.emule.org.cn”，登录如图 1 所示的电驴主页。

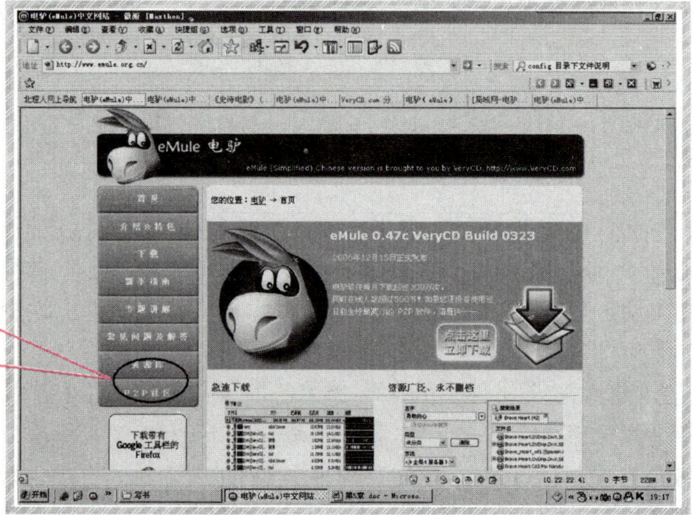

1

在电驴主页的左侧如图 1 中画圈部分，点击【资源库】和【P2P 社区】都可以登录搜索页面。先点击【资源库】，登录如图 2 所示的“资源库”页面。在该页面中，可以看到资源库已经对所有资源进行分类，每个大类下面还有许多子类别，这些子类别分得很详细，非常方便寻找资源，直接点击想找类别就可以进入该类别。

2

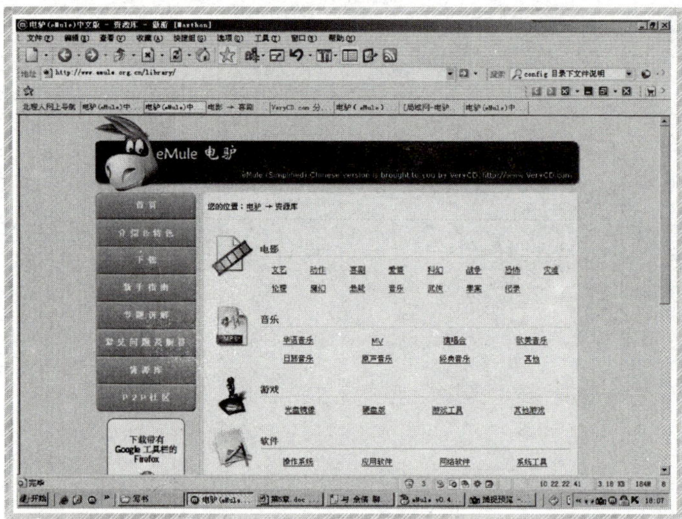

提示与说明

资源库的分类方式很详细，这样极大地方便了我们寻找资源。

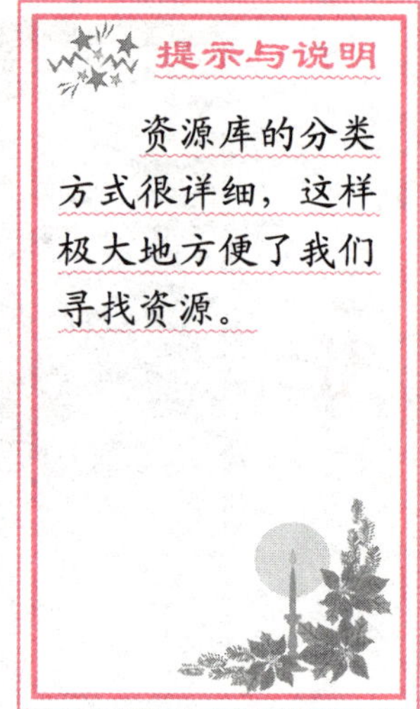

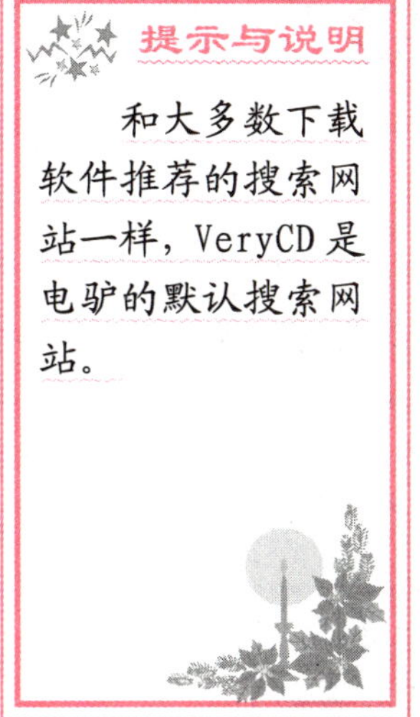

提示与说明

和大多数下载软件推荐的搜索网站一样，VeryCD 是电驴的默认搜索网站。

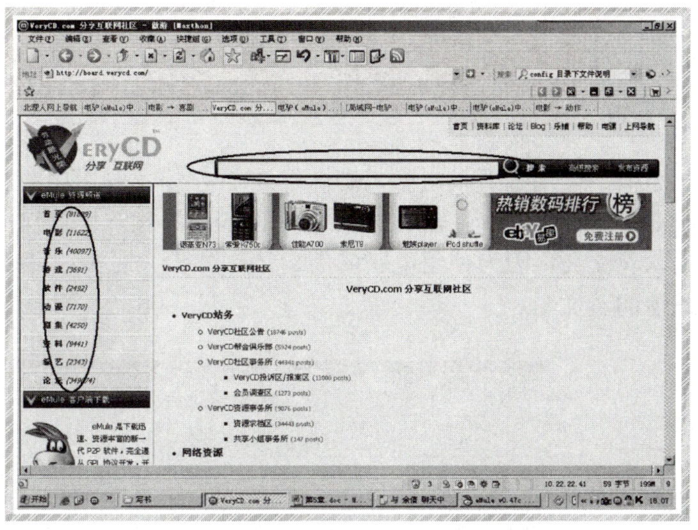

3

点击图 2 中的【P2P 社区】后，浏览器即自动登录到“VeryCD 分享因特网”，如图 3 所示。和大多数资源搜索网站一样，VeryCD 在页面的最上部给出了一个搜索栏，在其中输入想要寻找资料的关键字，点击【搜索】，网站就会在浏览器的新窗口中列出相关的搜索结果，在该页面中间，也同样对资源进行了分类，也可以点击这些分类进行搜索。

最后一种搜索的方法，也是用电驴搜索最直接的方法。点击电驴窗口中快捷方式栏中的【搜索】按钮，出现如图 4 所示的页面。在画圈部分“名字”栏中填入想要搜索资源的名字的关键字；在“类型”栏的下拉列表中选择要搜索资源的类型，这里笔者推荐选择“任意”；在“方法”栏的下拉列表中可以选择资源所在的服务器，这里最好选择“全局(服务器)”，然后点击【开始】，马上就可以看到在中间的“搜索结果”栏中列出很多符合要求的资源。在选定搜索资源的过程中，有个小窍门，想要提高下载速度，最好选择来源多的下载对象，来源越多，下载速度越快，只要查看“搜索结果”栏中的“可用源数”就能确定该资源来源的多少。

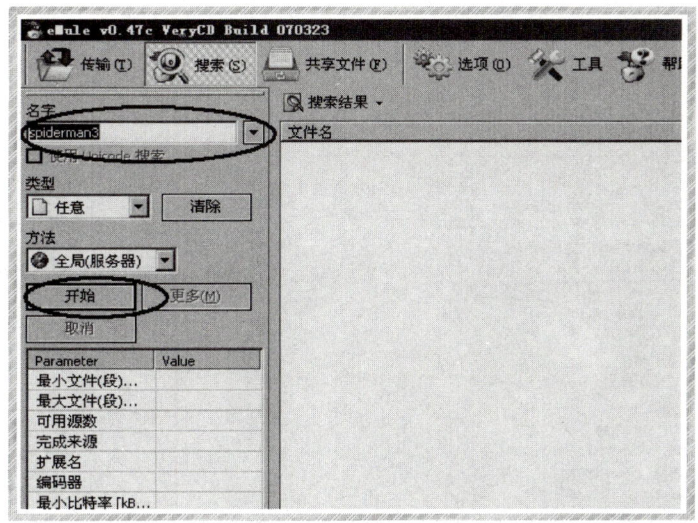

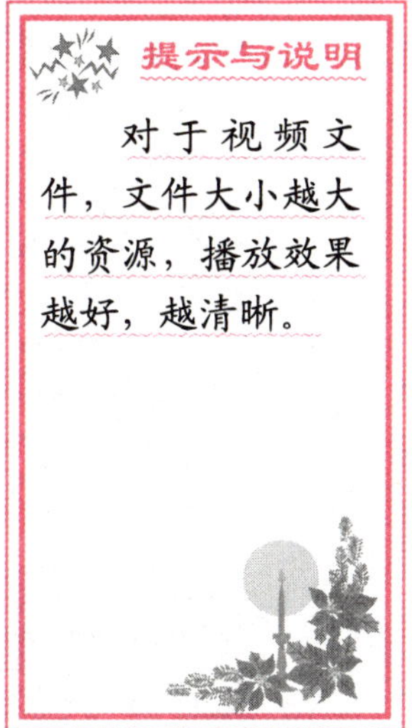

提示与说明

对于视频文件，文件大小越大的资源，播放效果越好，越清晰。

怎样下载资源

在这一小节中，通过下载电影《蜘蛛侠 3》，学习怎样用电驴下载资源。

在 VeryCD 的搜索窗口中输入“蜘蛛侠 3”，或者输入蜘蛛侠的英文名“spiderman3”，这里推荐输入英文名，因为使用电驴的用户还是外国人居多。可以到 Google 的网站上查找到电影蜘蛛侠的英文名。

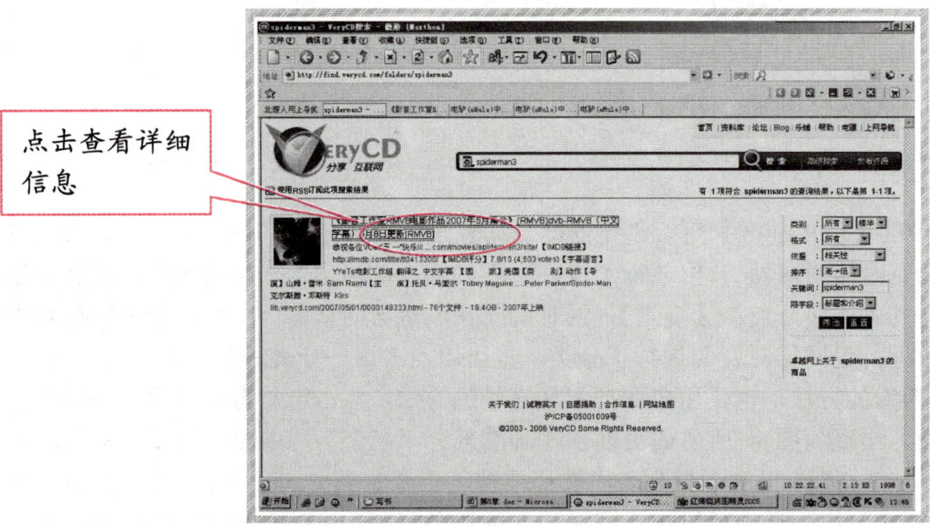

1

在输入蜘蛛侠关键字点击【搜索】后，出现如图 1 所示的页面。点击图中画圈部分进入图 2 所示的页面。在该页面中列出很多相关的下载资料，有的资料就是要下载的《蜘蛛侠 3》，有的则不是。一般符合要求都会列在前几个，根据在上一节所介绍的搜索技巧，选择好后，鼠标左键单击该对象，如点击图中画圈部分。

2

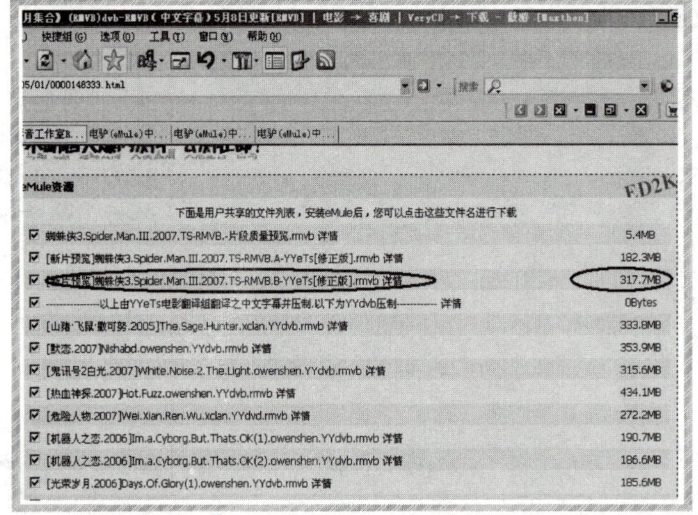

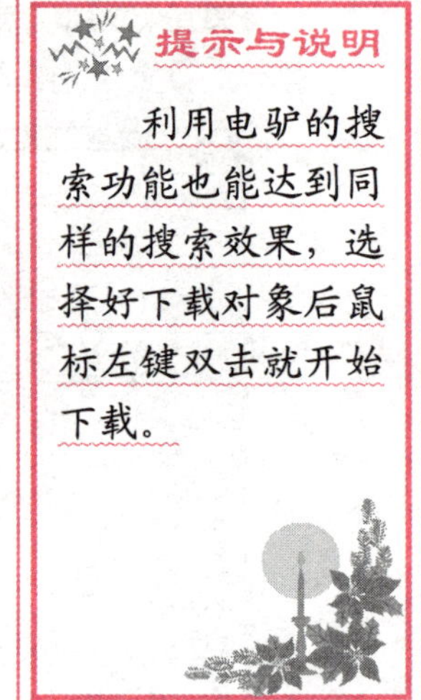

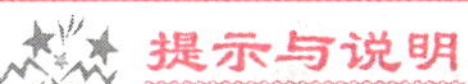

提示与说明

下载文件的同时您也在提供别人下载。下载完后，还可以帮助别人下载，不要删除下载的文件，就可以保证大家下载速度越来越快。

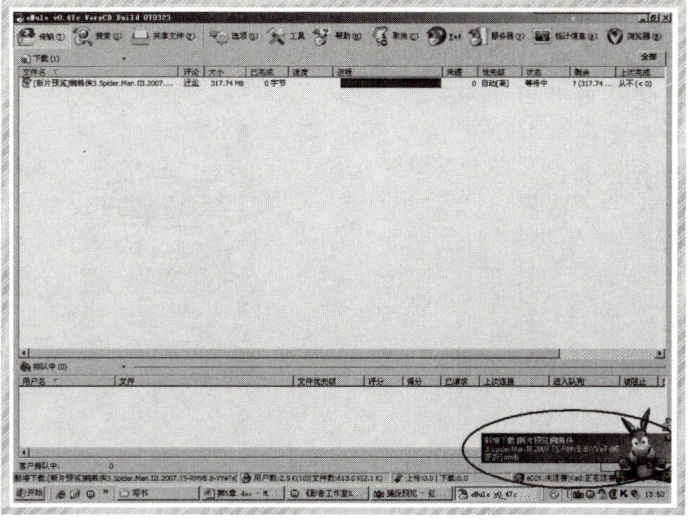

3

在左键单击下载对象后，在桌面左下角会弹出如图 3 画圈部分所示，非常可爱的小驴子提示窗口，提示您新增下载任务，以及任务的内容。此时，我们点击电驴操作窗口中的“传输”按钮，就可以看到如图 3 所示的界面，这时电驴就开始下载文件了，这里只需要关注下载进程就可以了。电驴支持多文件下载，一般同时下载 20 个左右为宜。

下面以《蜘蛛侠 3》为例，来解释一下电驴文件的 ED2K 链接里面相关信息。首先鼠标右键点击下载窗口中的《蜘蛛侠 3》的下载项目，弹出右键菜单，选择“显示 ED2K 链接”。出现如图 4 所示的对话框，在“文件链接栏”中显示了 ED2K 链接。在图中蓝色所示的部分为文件名，无关紧要；紧跟在这部分后面的是一串数字，代表文件的大小；最重要的文件大小后面的那些信息，是文件的 ID，又叫做 hash，很多文件即使它们的文件名不一样，但是只要文件 ID 一致，电驴服务器就视为同一个文件。如果想知道欲下载的文件是否以前已经下载过了，唯一的操作办法就是将每次下载文件的文件 ID 保存到 Word 文件里面，然后下载之前查找一下要下载文件的文件 ID 是否在该文件中即可判定。

4

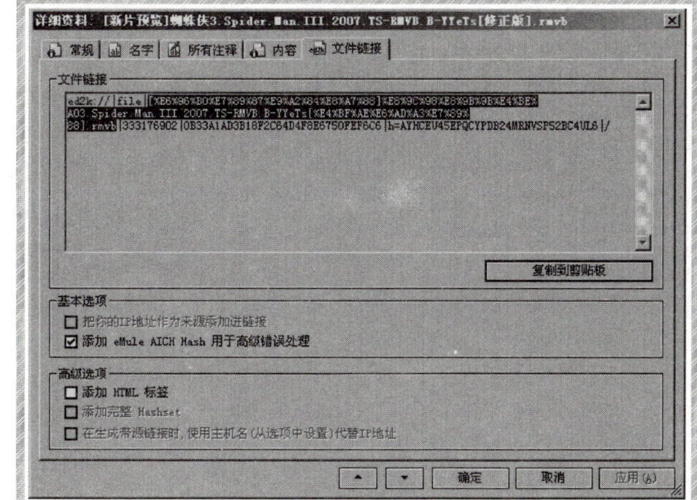

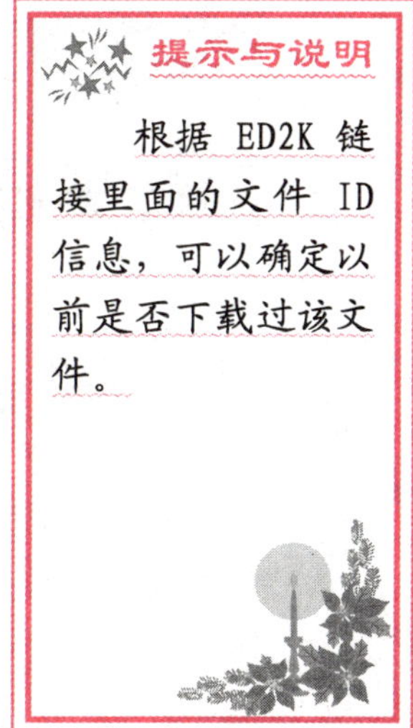

提示与说明

根据 ED2K 链接里面的文件 ID 信息，可以确定以前是否下载过该文件。

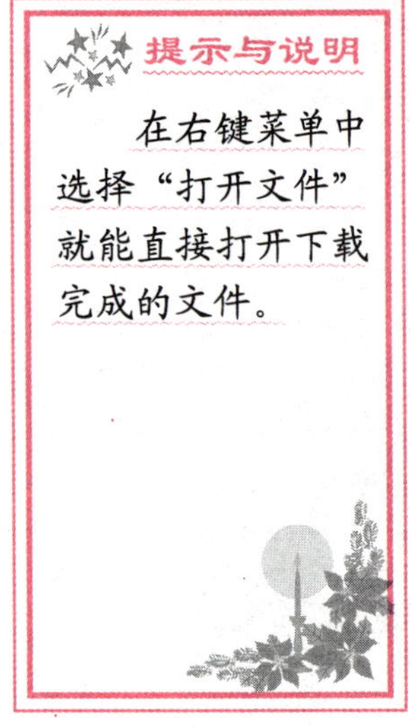

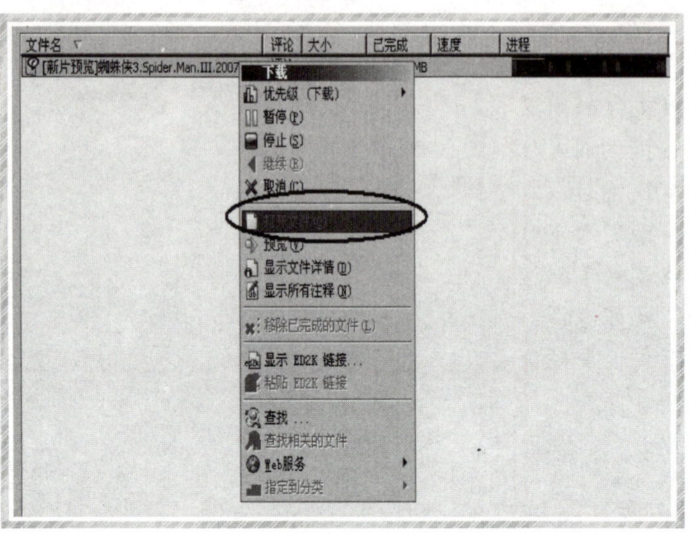

5

等待电驴下载文件完成以后，通常想要打开刚下载完成的文件看一看是什么内容。按照常规的方法，在电脑桌面上依次点击【我的电脑】|【本地磁盘(E:)】|【下载数据】就能找到我们下载文件存放的文件夹，然后再找到刚刚下载完成的那个文件才能打开。其实在电驴窗口中就可以直接打开下载完成的文件。鼠标对准已经完成下载、想要打开的文件，点击鼠标右键，弹出右键菜单，如图 5 所示，选择“打开文件”，就能直接打开该文件。这里有一点要说明，有些文件不能够直接打开，比如说以“.rar”和“.zip”结尾的文件，这种类型的文件需要解压缩后才能打开。

电驴下载时没有分类这一步，下载下来的资料全都储存在一个文件夹里面，这为将来管理和查找下载资料带来了一定的麻烦。使用电驴下载文件后，应该整理已经下载完成的资源，比如说把影视资料移入在 E 盘建好的“视频”文件夹里面。直接点击电驴快捷方式栏中的【工具】按钮，在弹出的菜单中选择“打开 Incoming 目录”，如图 6 所示，就能直接打开存放下载文件的目录，这时就可以进行文件管理了。

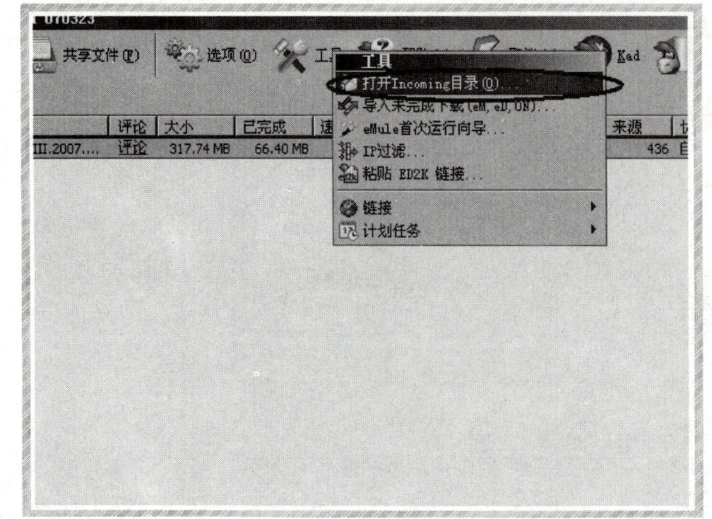

6

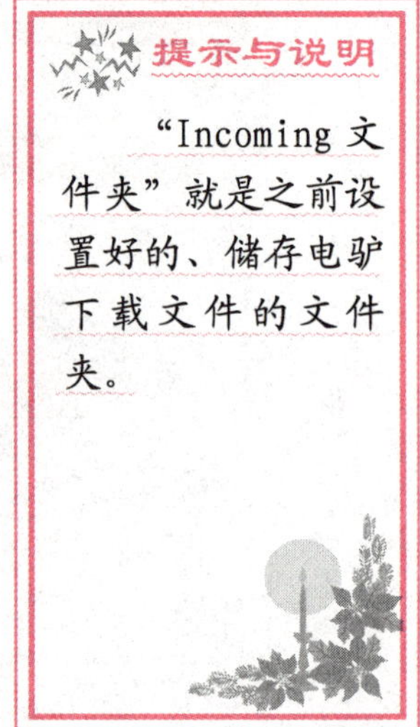

怎样上传资源

电驴下载的核心精神是“人人为我、我为人人”，我们不能光只想着从别人那里索取资源，而自己丝毫不愿作贡献。

在这一节中，笔者通过将电脑里的《加勒比海盗 3》的下载信息上传并发布到网上来带大家一起学习怎样上传资料。

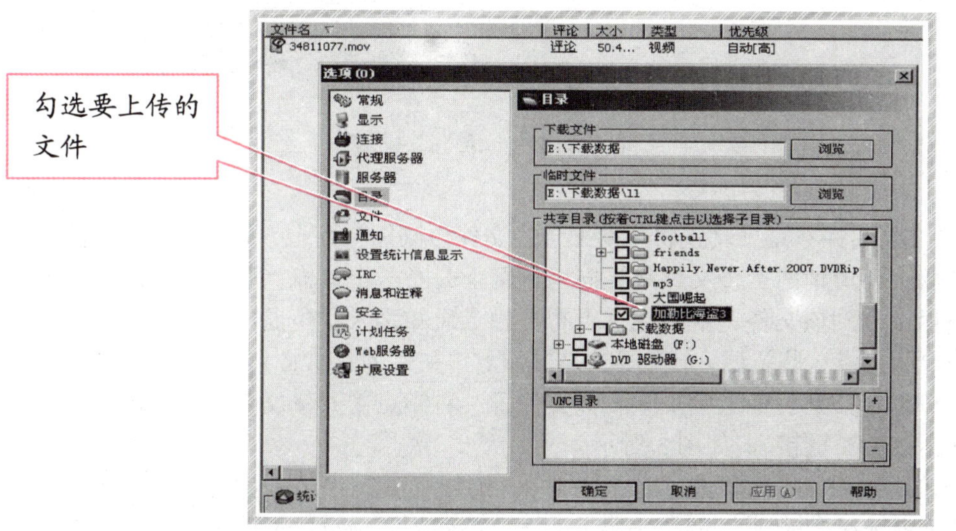

1

1．点击快捷方式栏中的【选项】|【目录】，在“共享文件”栏中找到《加勒比海盗 3》的存放目录，勾选该文件前的小方框，如图 1 所示，依次点击【应用】|【确定】。

2．点击快捷方式栏中的【共享文件】，就可以看到共享的文件，右键点击该文件，在右键菜单中依次选择【优先级(上传)】|【发布】，如图 2 所示。

2

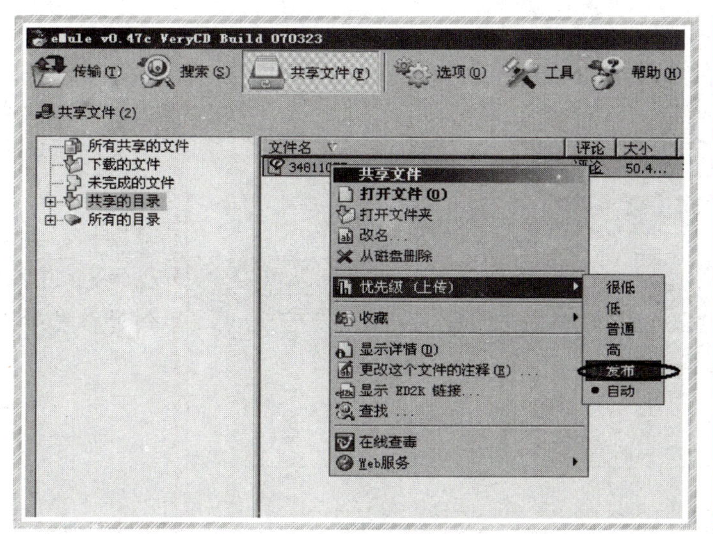

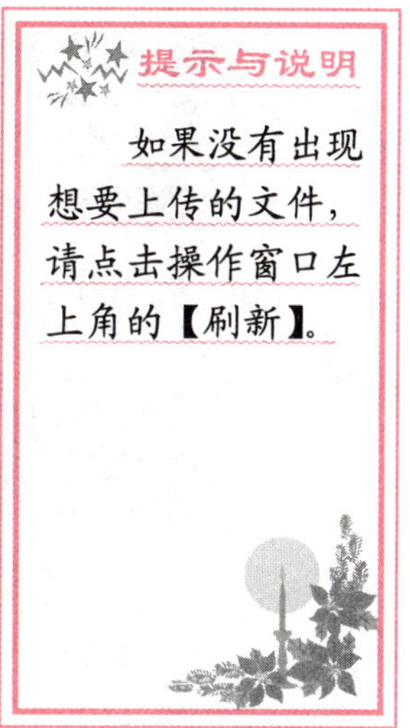

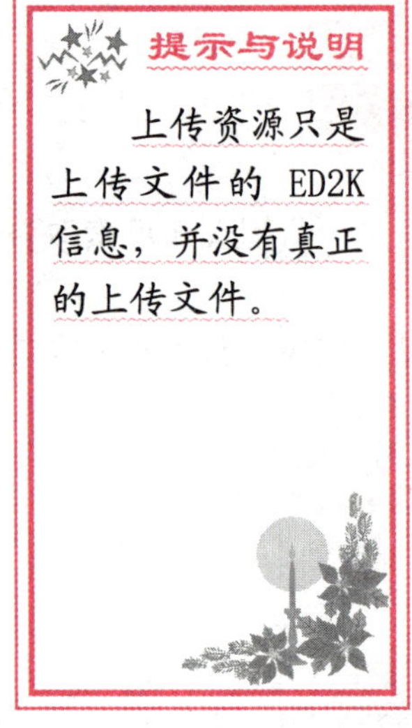

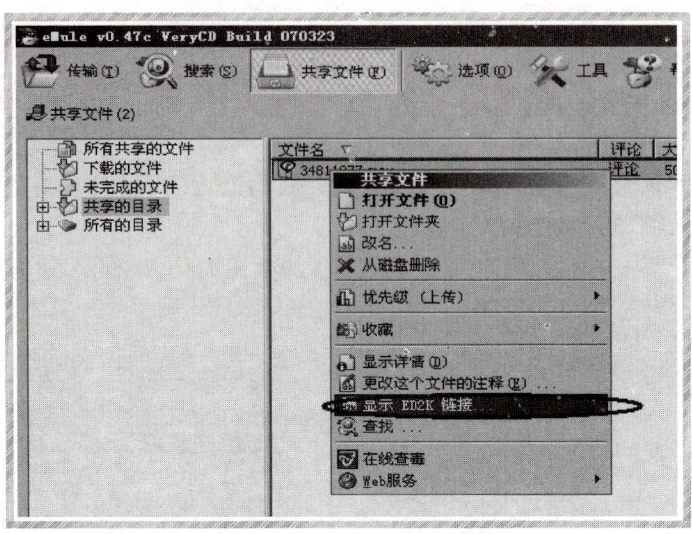

3

3．上传文件其实并不是要真正将想要上传的文件传到因特网上，共享文件自始至终都储存自己的电脑上。所谓的上传文件只是向因特网上公布一个信息，使别人知道通过他们自己的电驴可以下载到该文件。就像在一个布告栏上通知别人我电脑上有某个资源，并且告知怎样来我电脑上取这些资源。最主要的是告知上传文件的 ED2K 信息，有了文件 ED2K 信息，别人就可以链接到我们电脑上下载该文件了。右键点击共享文件，在弹出的右键菜单中选择“显示 ED2K 链接”，如图 3 所示。

4．在弹出的窗口中可以看到想要上传文件的 ED2K 链接，选中这些信息，点击鼠标右键，在右键菜单中选择“复制”，如图 4 所示。登录“www.verycd.com”，点击“提交资源”，按照要求填写上传文件的信息，再粘贴 ED2K 链接，就可以完成资源发布。这里要提醒大家一点，使用 VeryCD 的发布系统必须拥有 VeryCD 用户账号，目前不开放注册，只能由老会员推荐注册。可以发帖子找一个老会员请他推荐我们注册。其实，即使不公布 ED2K，别人如果能搜索到，照样可以下载，公布只是为了方便别人下载。

4

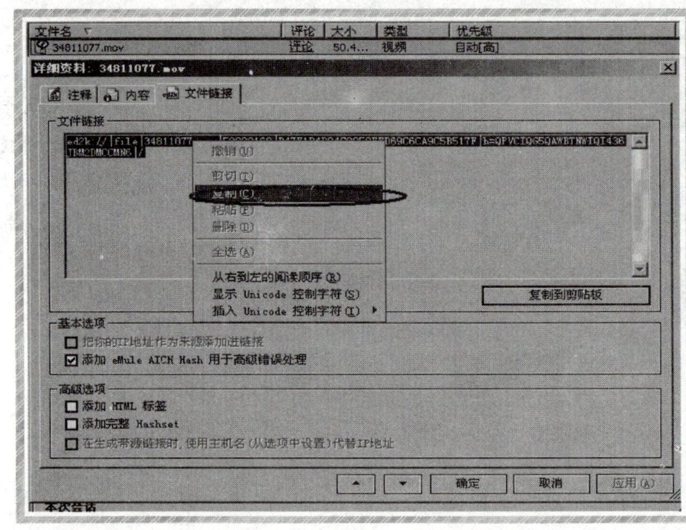

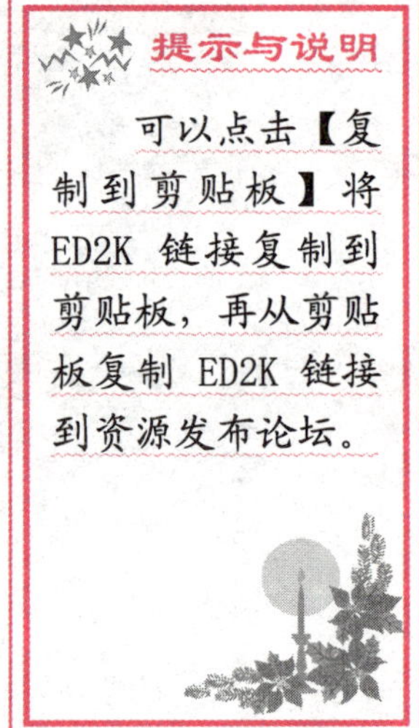

如何设置电驴

对电驴进行一些设置可以让“驴子”更好地为我们服务。在这一节中，将学习设置电驴，使电驴下载更有效率。

首先点击快捷方式栏中的“统计信息”按钮，出现如图 1 所示的窗口。该窗口右边的三个图很直观，分别列出了下载速度、上传速度和连接随时间变化的曲线。

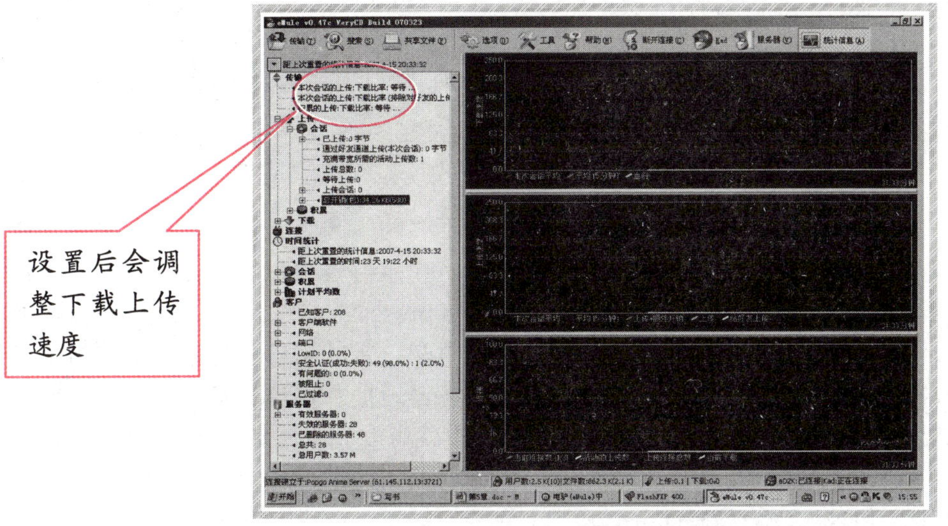

设置后会调整下载上传速度

1

对于图 1 窗口左边的信息，设置后，就会改变这些数值。

点击快捷方式栏上的【选项】按钮，在弹出窗口中选择“服务器”，这里列出 9 项与服务器设置有关的选项，通过对这些选项的勾选可以更改连接服务器的参数，勾选“仅自动连接到静态服务器”，点击【应用】，如图 2 所示。

2

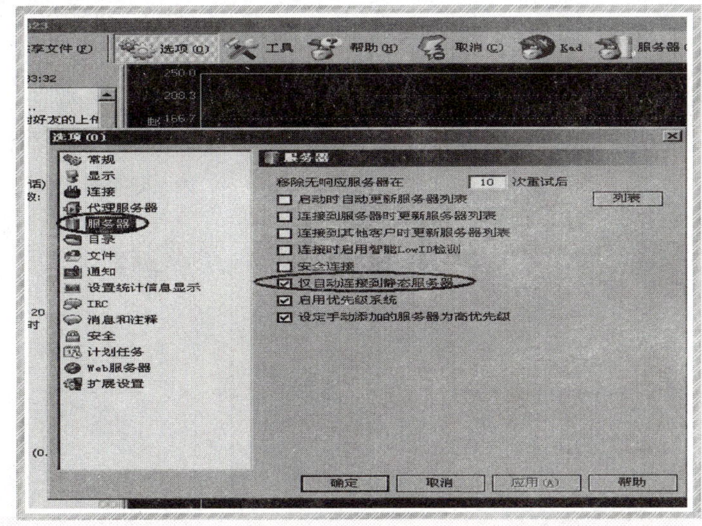

提示与说明

设置服务器可以更改连接服务器的速度以及连接服务器的数量。

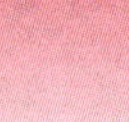

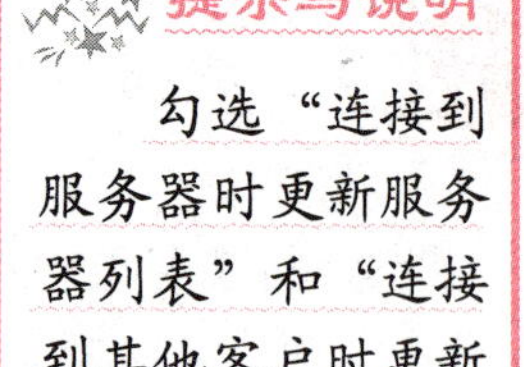

勾选“连接到服务器时更新服务器列表”和“连接到其他客户时更新服务器列表”这两个选项，连接服务器的数量将会有很大的提升。

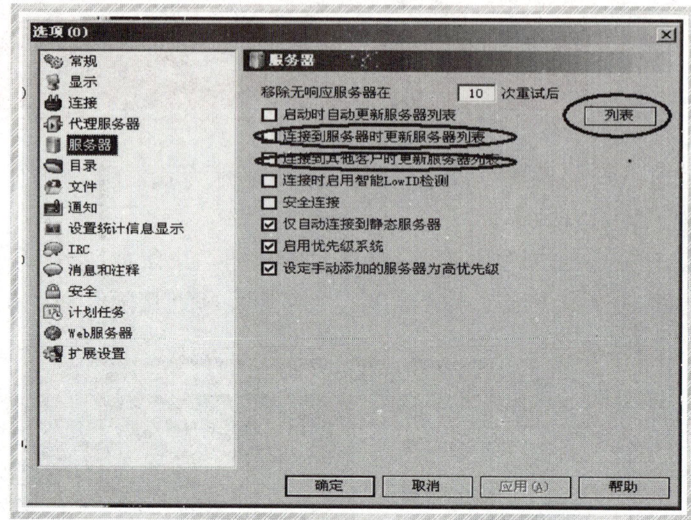

3

其实在默认的情况下，电驴提供的服务器数量是不够的，因为数量少，所以限制了速度的提升，那么如何增加服务器列表的数量呢？仍然是在服务器窗口中，点击【列表】按钮，如图 3 所示，就会弹出如图 4 所示的一个名为“addresses.dat”的记事本文件窗口。在这个记事本中，有一个类似网址的字符段，这个就是电驴自带的服务器更新地址，为了增加连接的服务器数量，可以在记事本中再添加几个服务器地址。在这里笔者推荐几个服务器地址，只要把下面这几个地址复制或输入到记事本中就可以完成添加：

http://www.srv1000.com/x1/server.met

http://www.edk-files.com/x1/server.met

http://2z4u.de/4ebs9fe2/max/server.met

输入完成后，点击记事本窗口中【文件】|【保存】|【文件】|【退出】完成设置。最后，勾选“连接到服务器时更新服务器列表”和“连接到其他客户时更新服务器列表”这两个选项，这样连接服务器的数量将会有很大的提升。

4

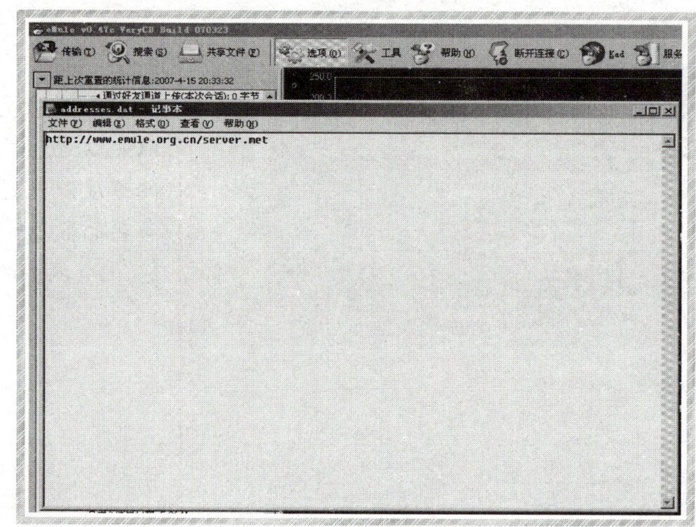

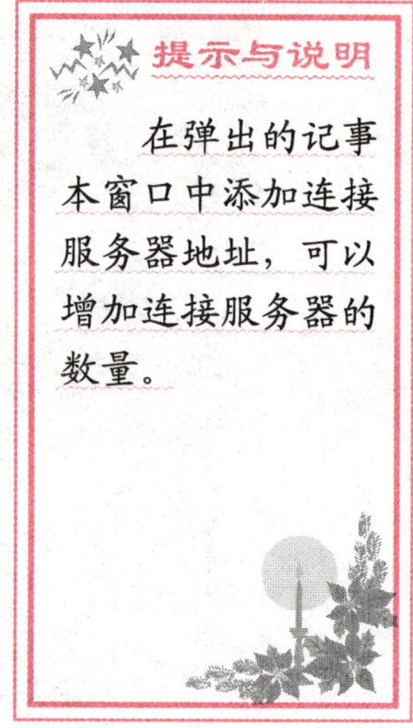

提示与说明

在弹出的记事本窗口中添加连接服务器地址，可以增加连接服务器的数量。

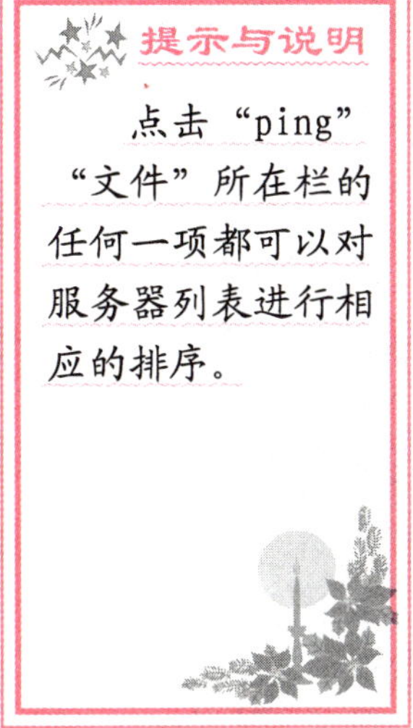

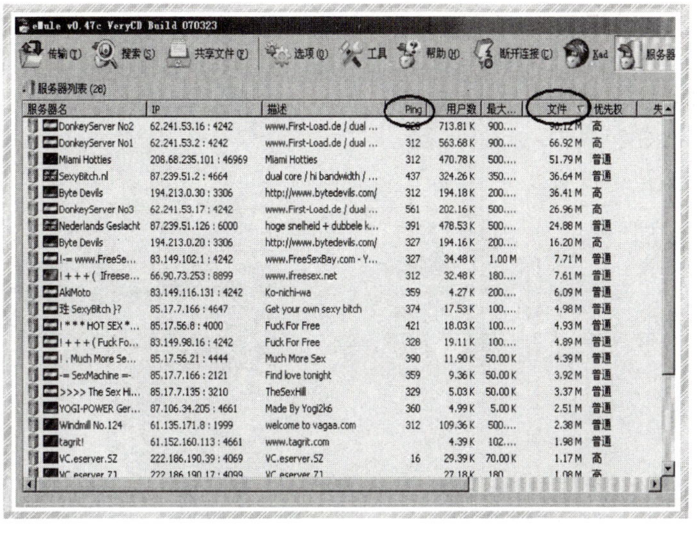

5

点击电驴快捷方式栏中的“服务器”按钮，出现如图 5 所示的界面。上两步添加服务器后，点击“服务器”就能看到连接上了很多服务器。由于服务器与服务器之间是不同的，有的服务器连接速度快，有的则慢，当然是要选择连接速度快的服务器，那么怎样选择呢？

首先点击“文件”(图 5 中靠右那个圈的位置)，将服务器按文件多少排序，同时观察它的 ping 值(靠左那个圈的位置)，如果数值比较小，表示连到服务器的速度比较快。从第 1 个开始，如果 ping 值低于你心目中一定的数值，比如 1000 或者 800(根据自己喜好定)，就对准该服务器点击鼠标右键，在弹出的右键菜单中选择“添加到静态服务器列表”，如图 6 所示。这样无论如何变化，该服务器都不会从你的列表中丢失。从上往下依次选择 10~20 个左右。

从使用的角度，您选择的连接服务器文件数目越多，总的静态服务器数目越少越好，但是也许会比较难连接这些优质的服务器，一旦连接断了也很难再自动连接上去，所以推荐选择 10~20 个静态服务器为宜。

6

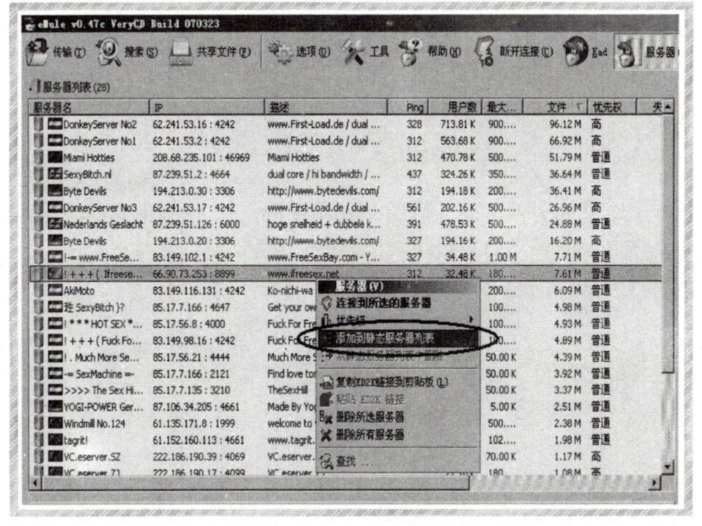

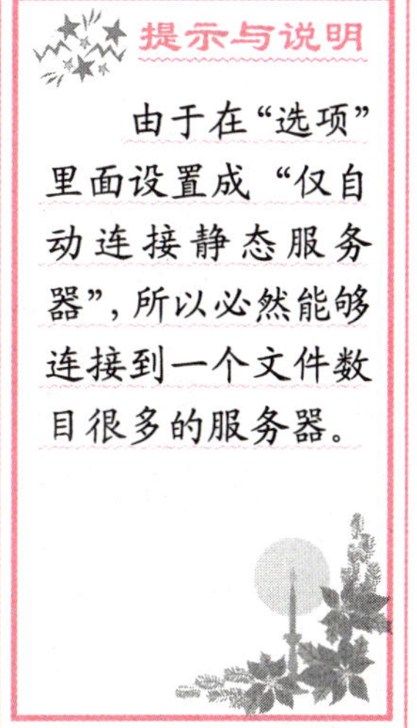

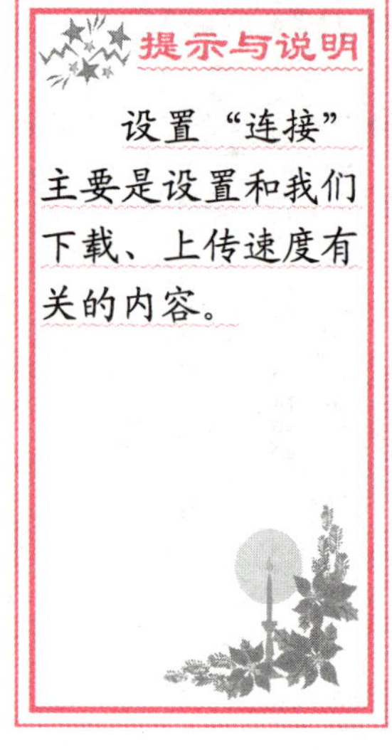

提示与说明

设置“连接”主要是设置和我们下载、上传速度有关的内容。

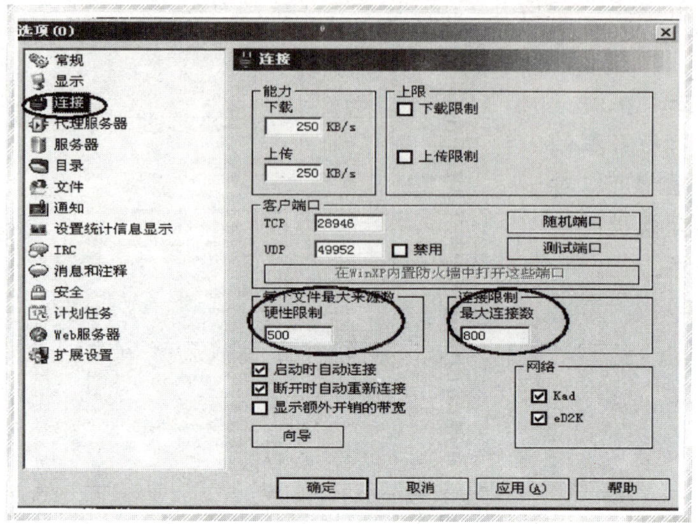

7

下面来学习根据网络带宽来分配网络连接。

点击电驴快捷方式栏中“选项”按钮，再选择“连接”，出现如图 7 所示的窗口。将“每个文件的最大来源数—硬性限制”设置为 300~500 是比较合适的；在“连接限制最大连接数”填一个较大的数（统计里面可以提供参考意见），但是也别太大，建议输入是上一个数字的 15 倍左右，例如 5000。

同样是在“选项”的“连接”窗口中，最后谈谈连接能力和上限的设置。首先要知道自己所用网络的最大上下载速度是多少 K。在“能力”里面，“下载”栏中输入高于最大速度的数值，“上传”栏里面输入想提供给别人下载的总速度，一般可以输入下载速度的 1/5~1/3，比如网络最大下载速度是 200K，这两个数可以输入 300（只要高过 200 都可以）和 50；在“上限”里面，不勾选“下载限制”（就是没有限制），勾选“上传”限制，就可以把上传速度限制在前面设置好的速度之下。电驴的宗旨是“我为人人，人人为我”，所以不要把上传速度设置得太低。

8

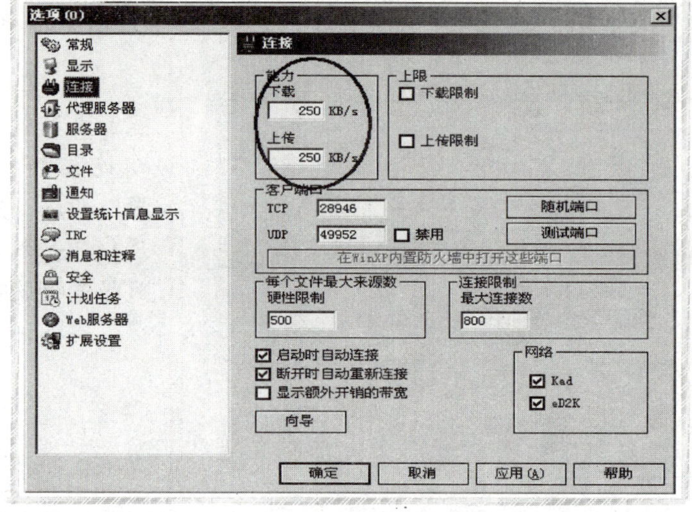

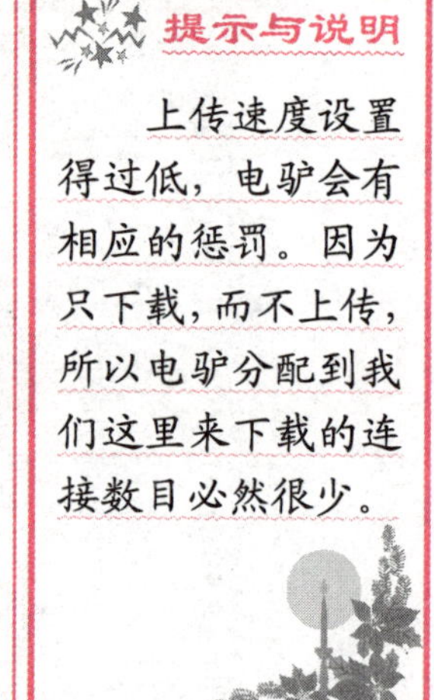

提示与说明

上传速度设置得过低，电驴会有相应的惩罚。因为只下载，而不上传，所以电驴分配到我们这里来下载的连接数目必然很少。

如何进行 FTP 下载

本章要点

- ☑ 初识 FlashFXP
- ☑ 如何寻找 FTP 资源
- ☑ 如何使用 FlashFXP
- ☑ FlashFXP 使用技巧

FTP—— File Transfer Protocol(文件传输协议)，它是一种软件下载协议，FlashFXP用的就是这个协议。

当有些高级网民软件下载多了之后，就做了个人主页，做了主页之后还嫌不够，就又想做个镜像网站以备那个免费的WWW服务器坏了后好及时顶替，让网友们依旧有好的软件使。后来，一个镜像不够为来自不同地方的你提供最快速的软件下载服务，就做了两个、三个……如果要将这么多服务器之间的资料互传，于是就诞生了FXP协议。

使用FTP，我们仅仅是客户，共享资源的网民提供什么就只能下载什么，但是提供资源的网民很多，所以就能够下载到几乎所有的资料。

好了，让我们开始学习FlashFXP吧！

初识 FlashFXP

要使用 FlashFXP 下载资料，首先要从网上下载 FlashFXP 安装文件。只要用百度或 Google 搜索 FlashFXP，用迅雷或网际快车就可以下载到 FlashFXP。FlashFXP 软件升级的速度很快，这里笔者使用的是 3.4.1.1173 版本，也许等到本书出版时最新版本已经不是这个了，但是没有关系，我们学习的是 FlashFXP 的基本操作，与版本无关。

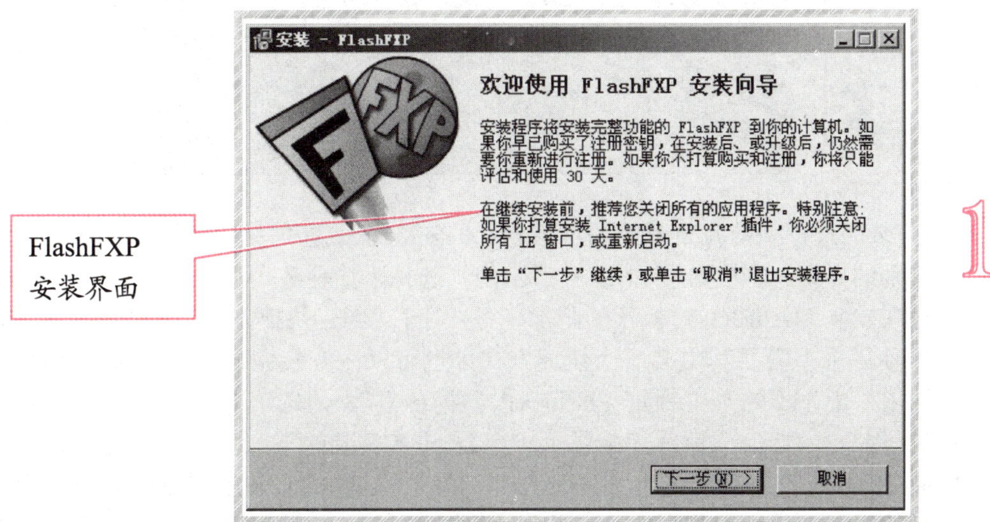

1

下载下来的安装文件如果是一个压缩包，解压缩后用鼠标左键双击“.exe”文件，进入 FlashFXP 安装界面，如图 1 所示，点击【下一步】开始安装。

选择文件存放位置永远是我们应该注意的问题，这样能够方便管理文件。将安装软件的存放路径更改为 C 盘以外的路径，如图 2 所示，然后点击【下一步】。

2

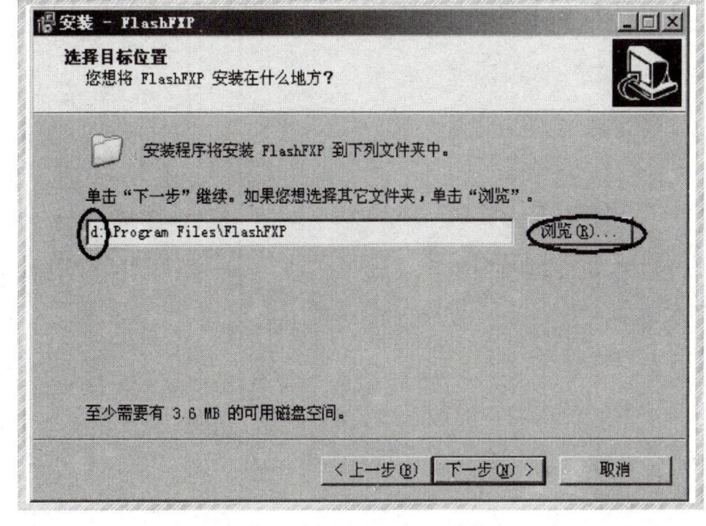

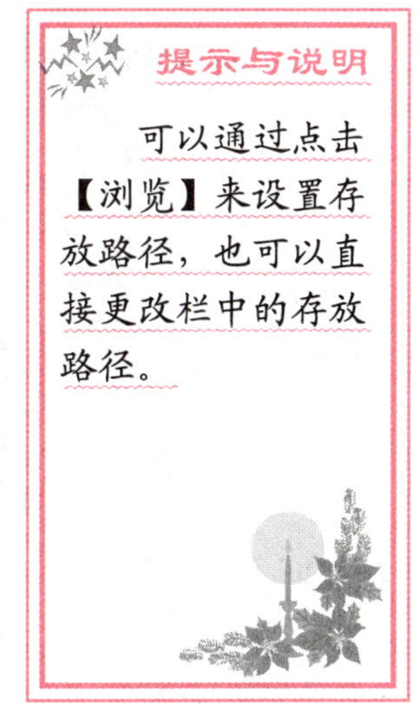

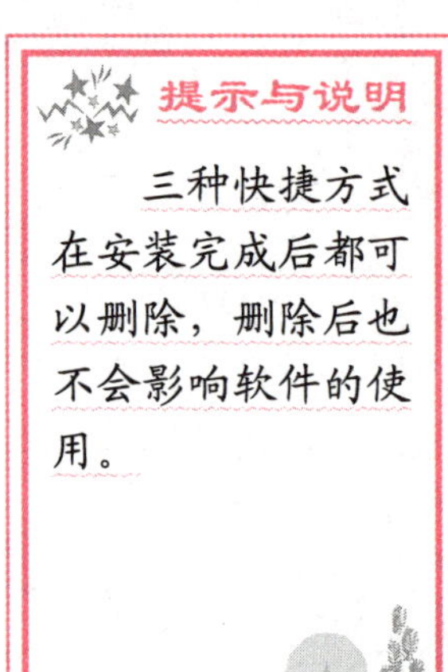

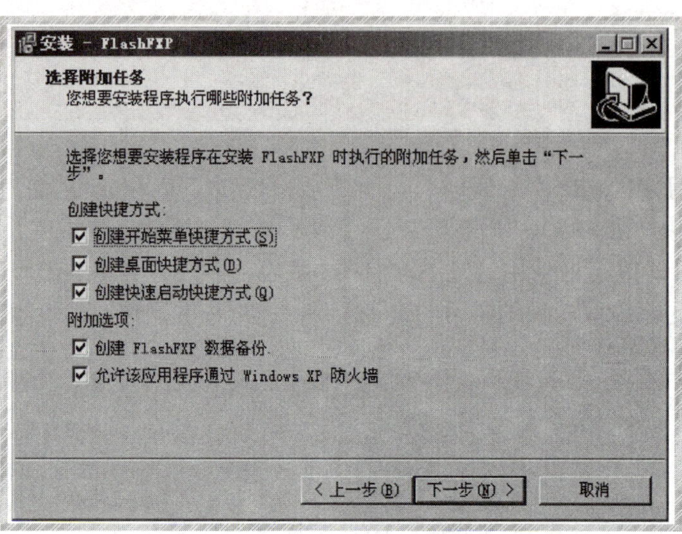

3

FlashFXP 安装的过程和前几章介绍的下载软件的安装方法差不多，这里只挑选安装过程中几个比较特别的介绍。当安装到如图 3 所示的“选择附加任务”这一步时，可以选择想要的安装程序在安装 FlashFXP 时执行的附加任务。对于“创建快捷方式”下的三个选项，都可以勾选，即使后来不需要其中某一个快捷方式，也可以在安装完成后删除那个快捷方式。在“附加选项”中，不勾选“创建 FlashFXP 数据备份”，勾选“允许该应用程序通过 Windows XP 防火墙”，勾选完成后，点击【下一步】，进入安装的下一步。

图 4 是安装 FlashFXP 的最后一步。FlashFXP 将第三方软件的安装放在最后一步，所以同样要注意多余的第三方软件。这里 FlashFXP 推荐了两个第三方软件，一个是“官方中文上网插件”，另一个是“易趣网上购物”。对于上网插件每种浏览器都有自己专有插件，可以到所使用的浏览器的官方网页上下载，在这里不勾选这个选项。对于易趣网上购物，不用勾选它。如果不需要在安装完成后就立即启动 FlashFXP，不勾选“立即运行 FlashFXP”。点击【完成】，FlashFXP 就安装在电脑中了。

4

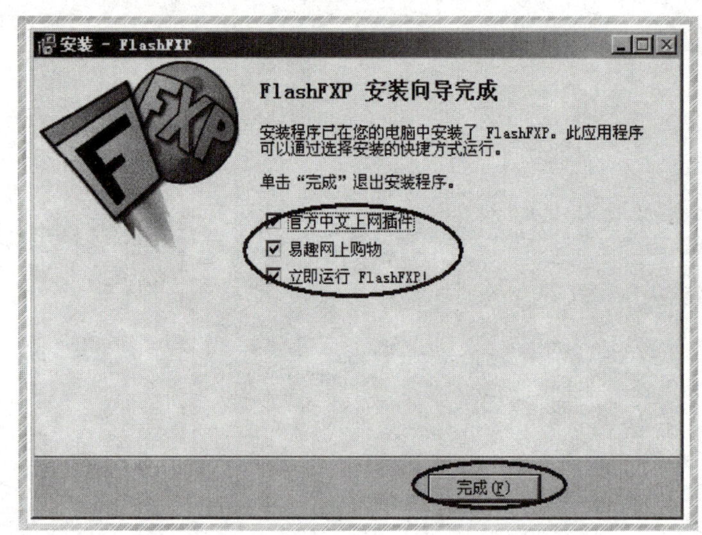

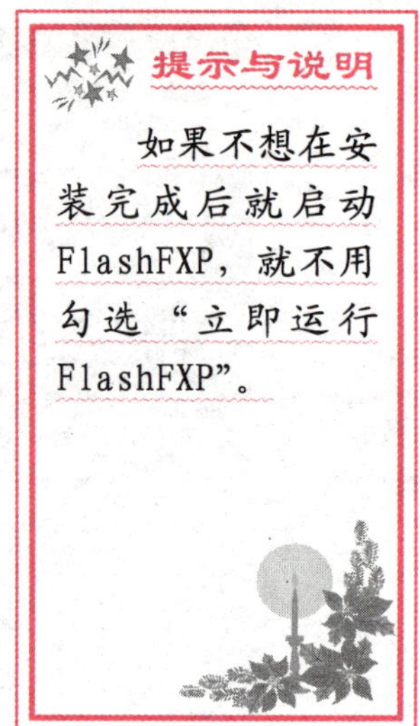

提示与说明

总共有三种快捷方式可以启动FlashFXP。

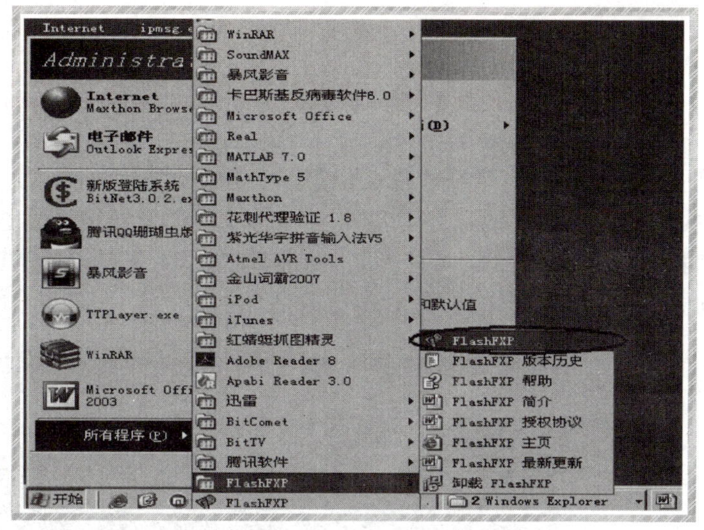

5

FlashFXP 安装完成后，电脑桌面上会出现 FlashFXP 的标志，鼠标左键双击该图标就可以启动 FlashFXP。这里还有另外两种启动 FlashFXP 的方法：一种是鼠标左键依次点击桌面左下角【开始】|【所有程序】|【FlashFXP】|【FlashFXP】，这样就可以启动 FlashFXP，如图 5 所示；另外一种方法是，点击桌面底部任务栏上的“>>”图标，在菜单中选择“FlashFXP”就可以启动 FlashFXP。如果想要删除这三种快捷方式的某种，找到该种快捷方式图标，单击鼠标右键，在弹出右键菜单中选择删除，在弹出的窗口中点击【是】即可删除。

第一次启动 FlashFXP，会自动弹出一个对话框提示类似“30 天评估期满，FlashFXP 已禁用。必须购买方可继续”，如图 6 所示，遇到这种情况不用担心，首先点击【输入密钥】，弹出图 6 中画圈的对话框。只要到百度或 Google 上输入“FlashFXP***注册码”(其中“***”代表版本号)，就可以搜索到注册码。FlashFXP 的注册码一般是很长一段字符，将那一段字符复制到图 6 画圈的对话框中，点击【确定】完成注册，以后就可以没有任何限制地使用 FlashFXP 了。

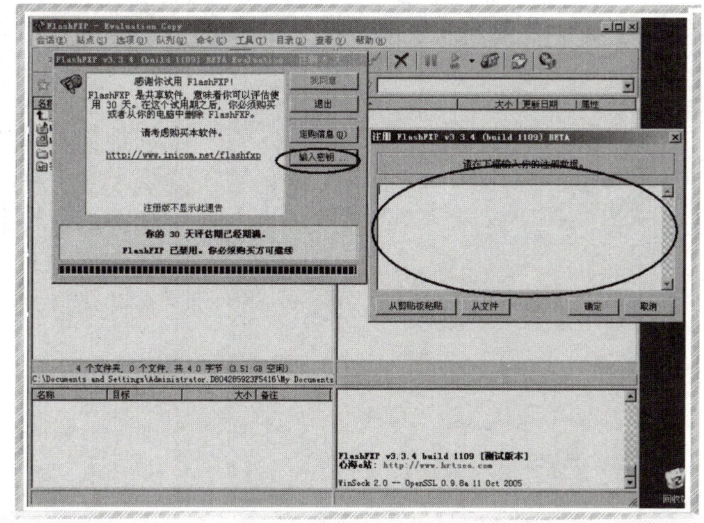

6

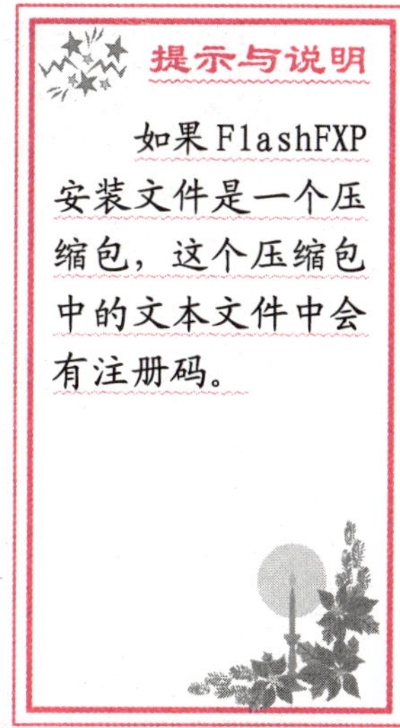

提示与说明

如果FlashFXP安装文件是一个压缩包，这个压缩包中的文本文件中会有注册码。

如何寻找 FTP 资源

很多朋友喜欢用 FTP 下载软件、电影、音乐等。但有时他们会遇到这样的问题，费很大劲就是找不到自己需要的东西。是网上真的没有吗？网络经过这几年快速发展，这种可能性多数时候并不大。更大的可能性是，他们忽略了大量的隐性 FTP 资源！ 在这里主要介绍通过 FTP 搜索引擎搜索 FTP 资源。

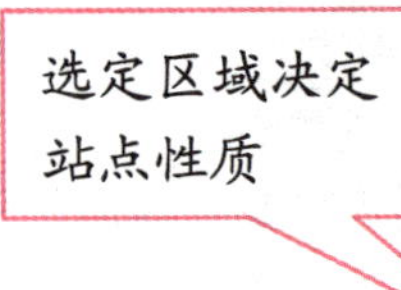

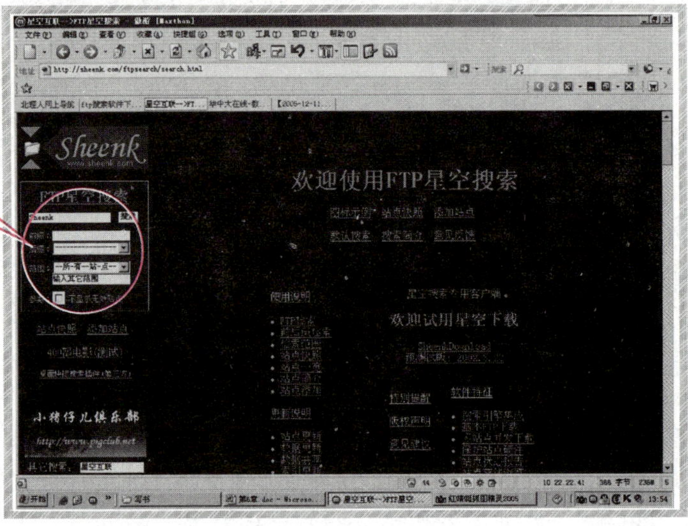

1

这里所说的 FTP 搜索引擎和一般的搜索引擎（如百度、Google）类似，就是直接在网页上搜索资源而不是用软件搜索资源。登录 “http://sheenk.com/ftpsearch/search.html”，进入如图 1 所示的页面，该页面为“FTP 星空搜索”。登录“http://so.hustonline.net/”，进入如图 2 所示的“华中大在线 FTP 搜索”。

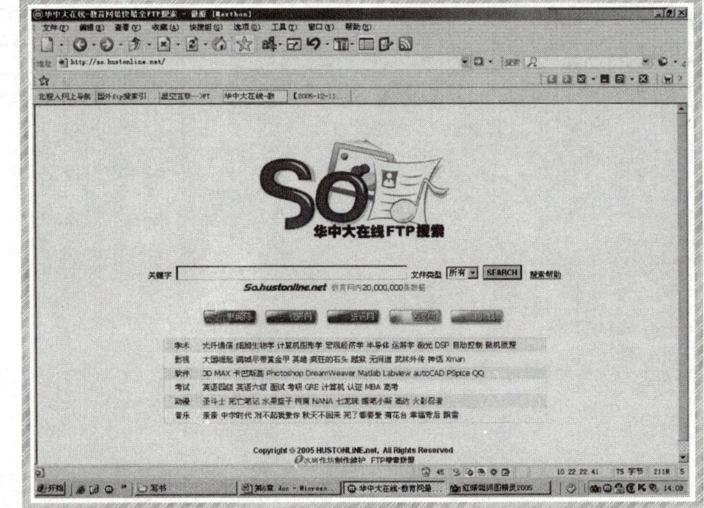

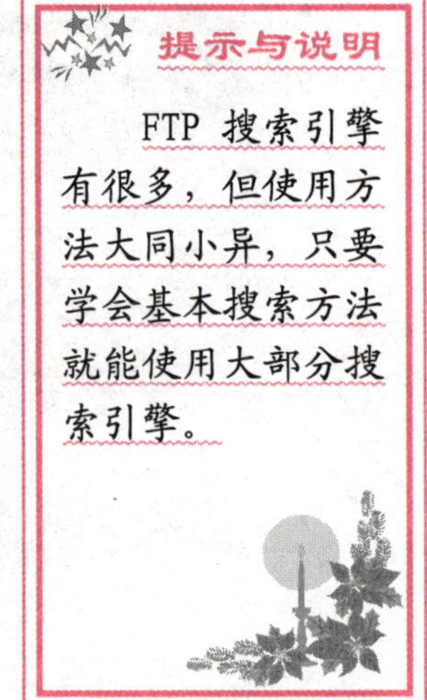

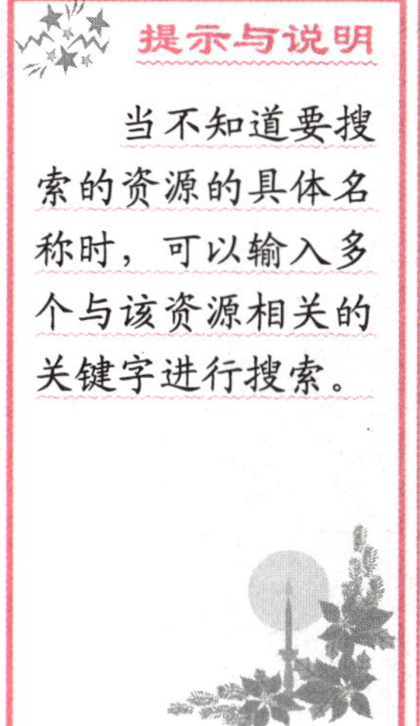

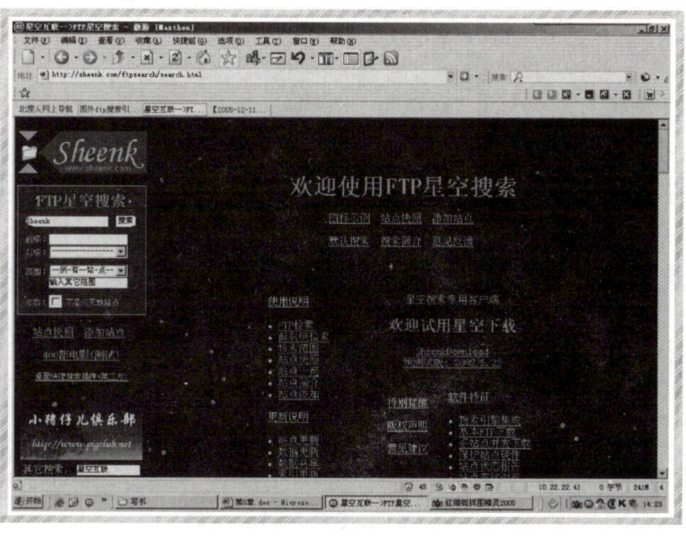

3

下面来具体学习“FTP 星空搜索”这个搜索引擎的使用方法。首先查看图 3 所示的页面的左边画圈部分。主要通过这个窗口来完成搜索想要下载的资源。在第一栏空白中输入想要下载资料的名称。如果我们对想要下载的资料的确切名称不是太清楚，可以一次输入多个关键字段，中间用空格隔开（要求每个字段至少包含 3 个字符），比如，想要下载音乐《菊花台》但又不知道它的名字，可以在这一栏中输入和这首歌有关的信息：“周杰伦 黄金甲”。

在图 4 中，前缀栏中的内容就是指限定搜索结果文件名必须以输入空格中的字符开头，后缀栏中的内容是指检索结果名必须以设定在空格中的串结尾。在大多数情况下，设定文件前后缀检索可以提高结果命中率。需要特别说明的是，文件名后缀检索限定使用于筛选结果，而文件名前缀检索则可用于替代检索关键字——使用文件名前缀检索时，可以不输入检索关键字(即图中的第一栏)。对于范围栏，选择其中的选项可以在相应范围中查找资源。对于 FTP 初级使用者，笔者推荐直接选择“所有站点”。

4

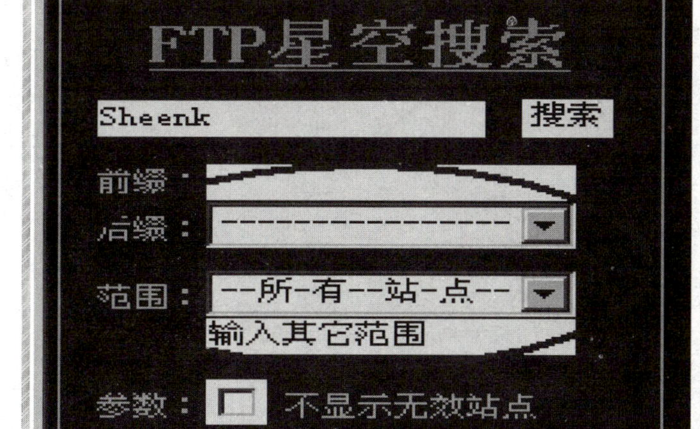

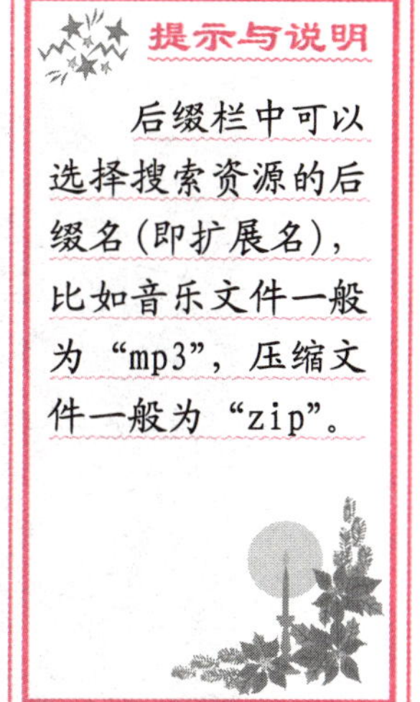

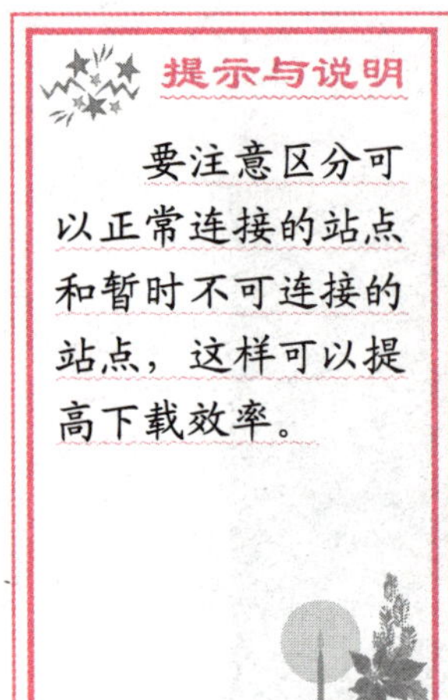

提示与说明

要注意区分可以正常连接的站点和暂时不可连接的站点，这样可以提高下载效率。

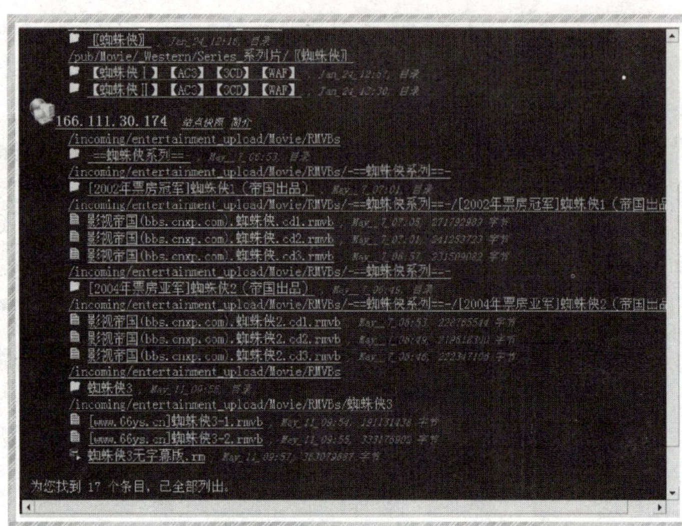

5

假如想要搜索有关电影《蜘蛛侠》系列的资料，请在第一栏中输入“蜘蛛侠”，点击【搜索】，在页面右边就会列出搜索结果，如图5所示。这样就可以详细查看每个搜索结果。在每个站点前，显示有一个类似电脑和地球的图标，有的画着叉，有的则没有，画叉的代表这个站点暂时不可连接，没有画叉的代表这个站点可以正常连接。FTP 星空搜索的站点信息库提供了每个已登记 FTP 的详细信息，点击站点旁的“简介”字样，就可以查看该 FTP 站点的信息。

点击搜索结果中相应站点旁的“站点快照”字样，如图6所示。可以查看 FTP 星空搜索服务器保存的该站点的 FTP 信息。列表给出了站点更新时间、站点规模以及文件分类等信息，并依照站点规模（共享资源容量）降序排列。

在选定要下载的资源后，应该将存有该资源的站点信息记录下来，比如站点 IP 地址，《蜘蛛侠》文件在该站点中的存放目录等。怎样记录下来呢，当然是将这些信息记录在记事本中最好。将这些信息复制粘贴到记事本中，供下载时使用。

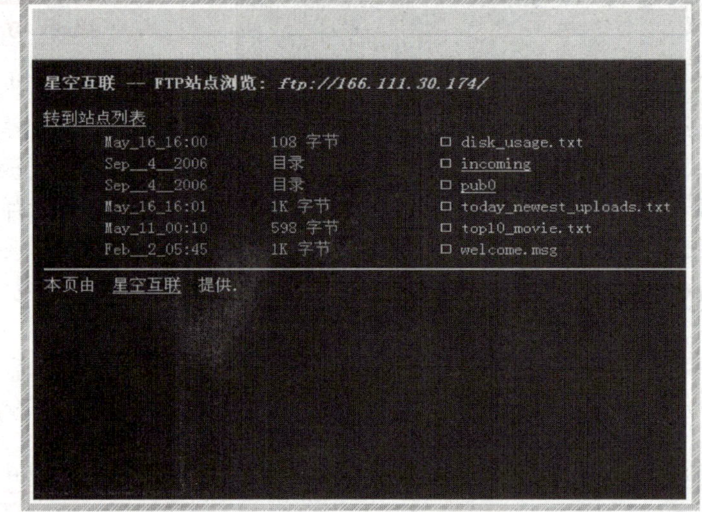

6

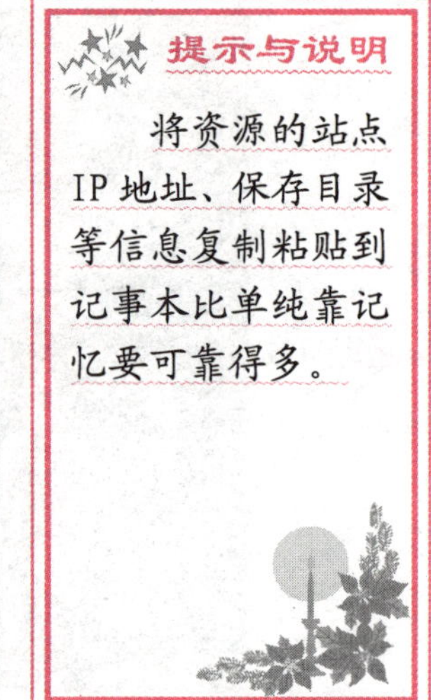

提示与说明

将资源的站点 IP 地址、保存目录等信息复制粘贴到记事本比单纯靠记忆要可靠得多。

如何使用FlashFXP

在寻找到FTP资源后，我们就可以用FlashFXP开始进行下载了。

1. FlashFXP的用户界面很简洁。第一栏是主菜单栏，第二栏是快捷方式栏。工作区被划分为4个窗口，左上部分的窗口默认电脑上存放下载文件的目录，右上窗口显示FTP服务器上的内容，下边左右两个窗口分别显示下载信息和连接信息。如图1所示。

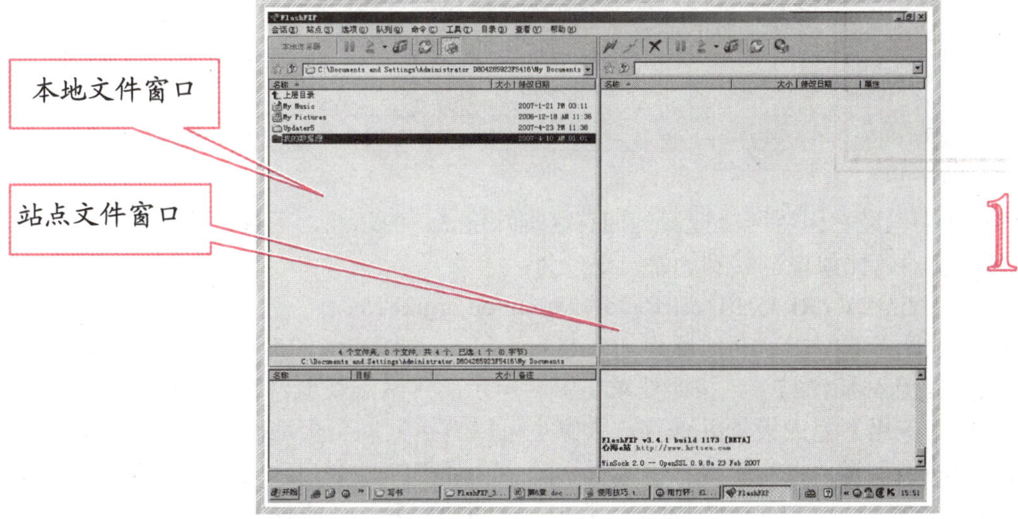

1

在简单认识了FlashFXP的操作界面后，就要开始下载资源了。这里仍然以下载电影《蜘蛛侠3》为例来学习使用FlashFXP。

2. 依次点击主菜单中【站点】|【站点管理器】，弹出如图2所示的窗口，点击窗口左下角的【新建站点】，在弹出的窗口中输入“蜘蛛侠3”，点击【确定】完成新建站点。

2

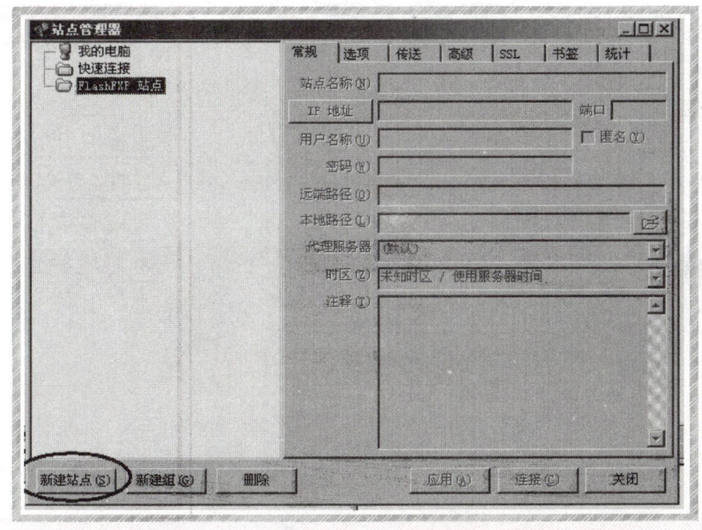

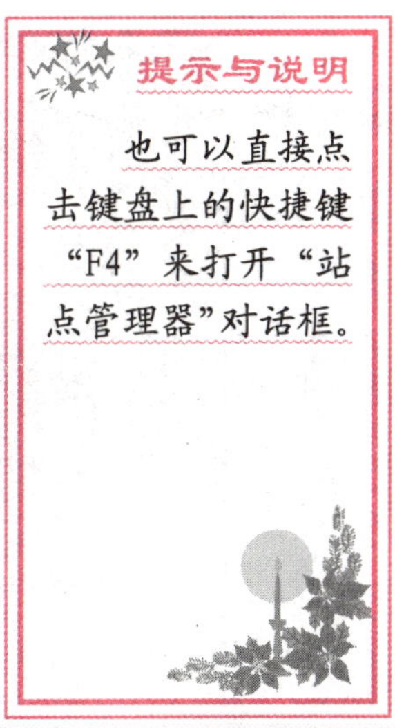

提示与说明

也可以直接点击键盘上的快捷键“F4”来打开“站点管理器”对话框。

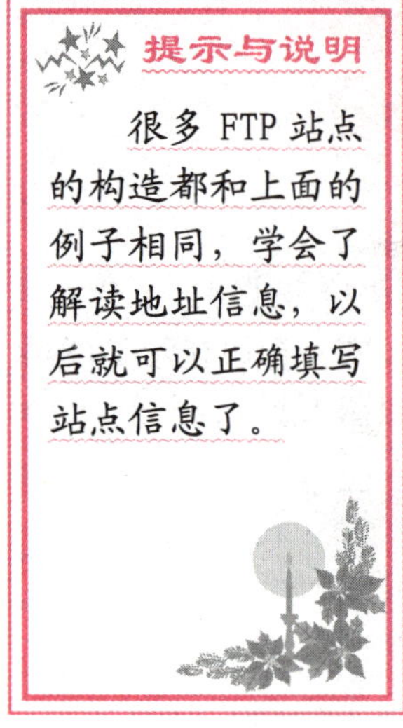

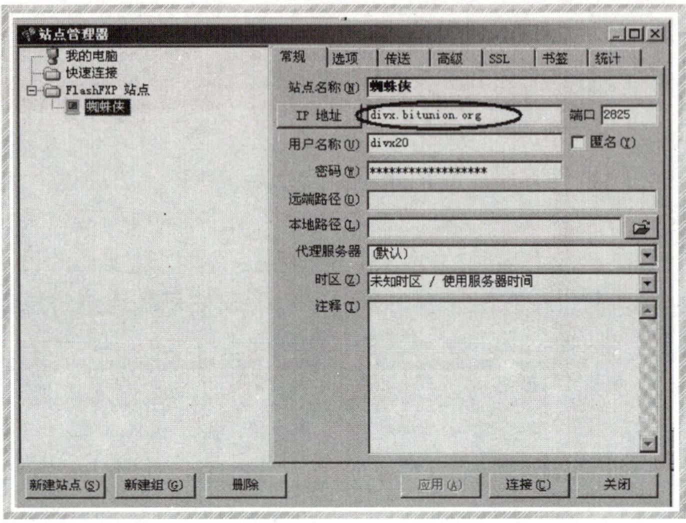

3

3．假设我们已经在因特网上搜索到拥有《蜘蛛侠 3》的站点，而且已经记录下了有关该站点的所有信息，比如说，找到的站点地址为：

ftp://divx20:YinfBVYRk45Hjf*&RR@divx.bitunion.org:2825

通过站点地址，可以知道 IP 地址为 divx.bitunion.org，端口为 2825，用户名称为 divx20，密码为 YinfBVYRk45Hjf*&RR，按照要求在图 3 所示的“站点管理器”空白栏依次填入以上信息，点击【应用】完成设置并保存。大家也可以直接复制整个地址，然后将鼠标对准“IP 地址”栏点击右键，在右键菜单中选择粘贴，FlashFXP 就会自动完成 IP 地址、端口、用户名称和密码的填写。

4．每次下载资源笔者都要强调下载文件的储存位置，在使用 FlashFXP 下载时也不例外。那应该怎样设置储存位置呢？找到 FlashFXP 操作窗口左上部的本地信息窗口，点击图 4 中画圈的部分的下拉按钮，打开事先设置好的存放电影视频的目录“E:\下载数据\视频\电影\”。

4

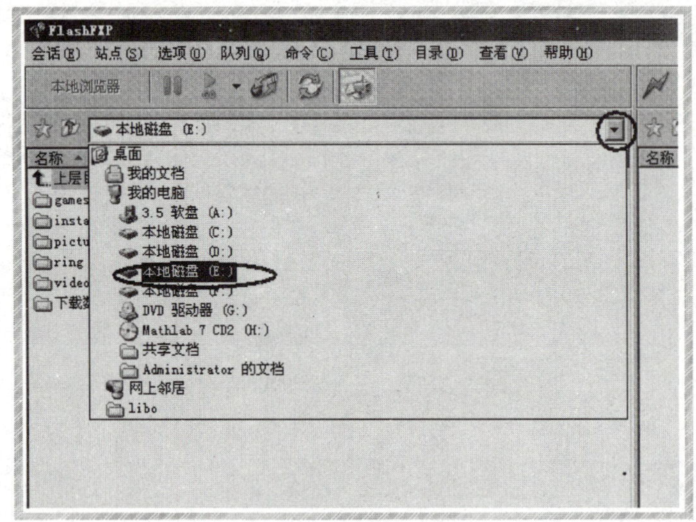

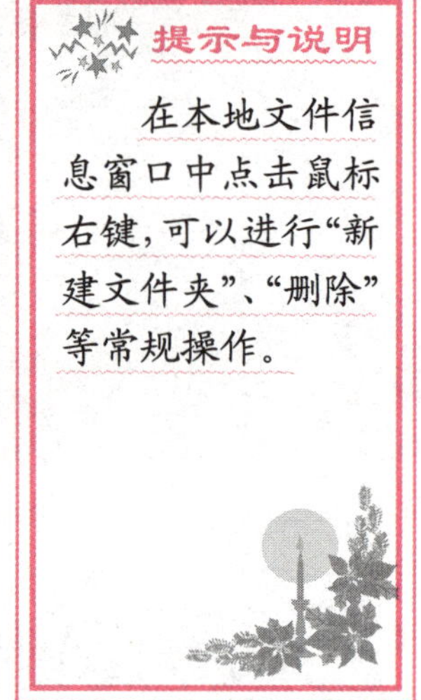

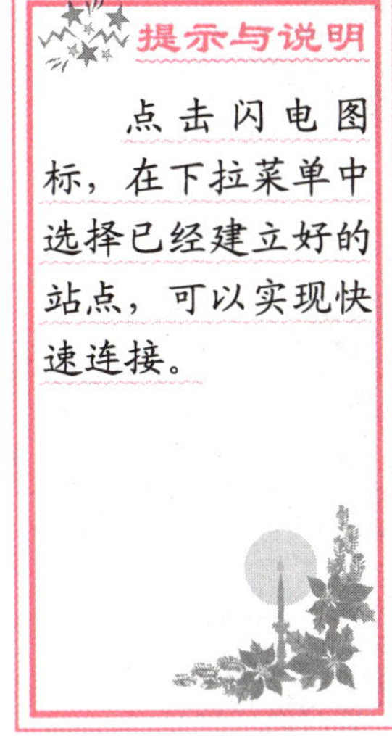

5

5．设置好站点信息，以及存放目录，之后就是开始连接站点。FlashFXP 总共有两种连接方式，可以依次点击主菜单栏中【站点】|【站点管理器】或直接点击键盘上“F4”键打开站点管理器。在站点管理器窗口左边部分找到“蜘蛛侠”目录，并用鼠标左键单击，出现之前设置的信息，点击站点管理器窗口右下角的【连接】按钮开始连接。

另一种方法，点击如图 5 中画圈部分的闪电图标，在下拉菜单中选择“蜘蛛侠”并鼠标左键单击，就可以开始连接站点。注意，使用该方法连接要求之前已经在站点管理器中创建相应的站点。

6．连接过程中窗口右下角的窗口中会显示连接信息。连接成功以后，在窗口右上部分的 FTP 站点目录栏中就会显示该站点中的内容。这时就可以依次打开每个目录寻找要下载的《蜘蛛侠 3》了。如果该站点资源较多，就需要借助电脑帮我们寻找了。同时按住键盘“Ctrl＋F”，弹出“查找”对话框，如图 6 所示，在其中输入想要寻找的资源名字，本例中输入“蜘蛛侠 3”，点击【确定】，FlashFXP 就会帮我们找到《蜘蛛侠 3》，并高亮度显示出来。

6

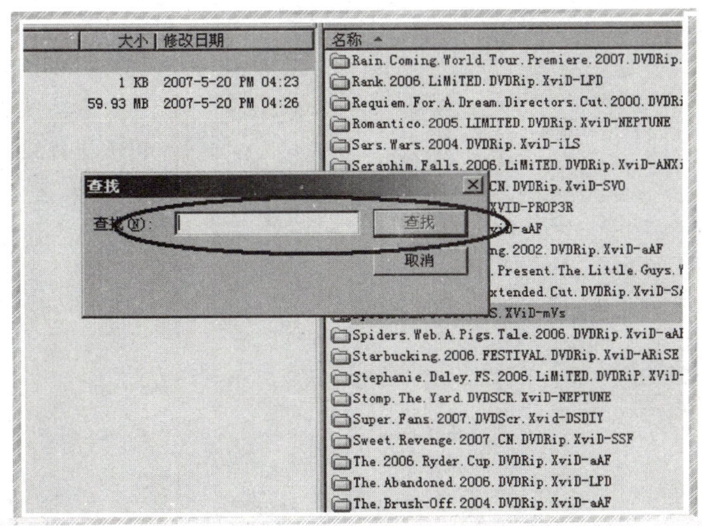

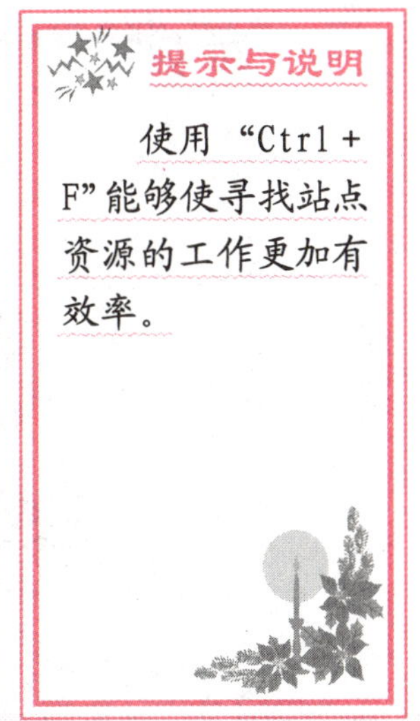

提示与说明

直接拖拽想要下载的文件夹是一种常用的下载方式。

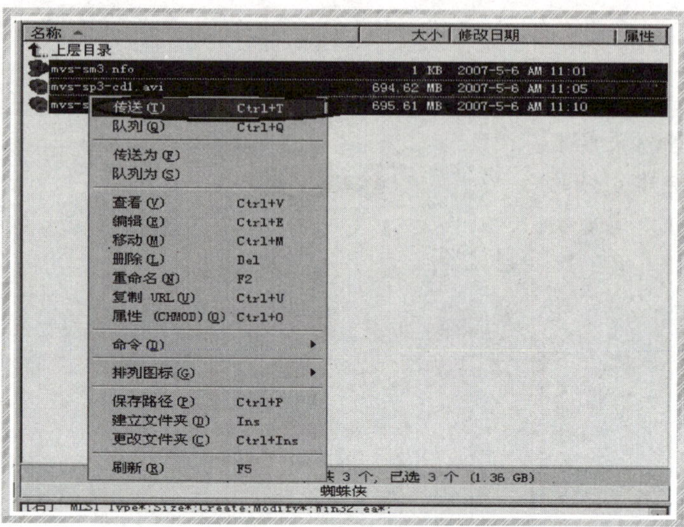

7

7．找到了想要下载的对象，双击鼠标左键，打开《蜘蛛侠 3》文件夹，看到共有三个文件，按住键盘“Ctrl”键，并用鼠标左键选中这三个文件，选中后点击鼠标右键，在弹出右键菜单中选择“传送”，如图 7 所示，文件就开始传送到设置好的存放目录中。另外一种下载方法就是选择好下载对象后，直接按住鼠标左键不放将这些文件拖放到本地文件信息窗口中，同样可以开始传送。

这里建议不要将《蜘蛛侠 3》的文件夹打开，然后传送里面的文件。如果每次下载都这样做，到最后会分不清到底哪些文件是《蜘蛛侠 3》的影视文件。我们可以直接传送《蜘蛛侠 3》的整个文件夹，这样 FlashFXP 会自动在设置好的存放目录下创建《蜘蛛侠 3》文件夹，并接收文件。

8．可以看见窗口左下部分的队列窗口中多出了将要下载的文件的信息，包括文件名，文件存放的位置，同时在窗口左上部分的本地文件信息窗口中出现了正在下载的文件信息。可以通过查看窗口底部的进度条查看下载速度和下载进度，如图 8 所示。

8

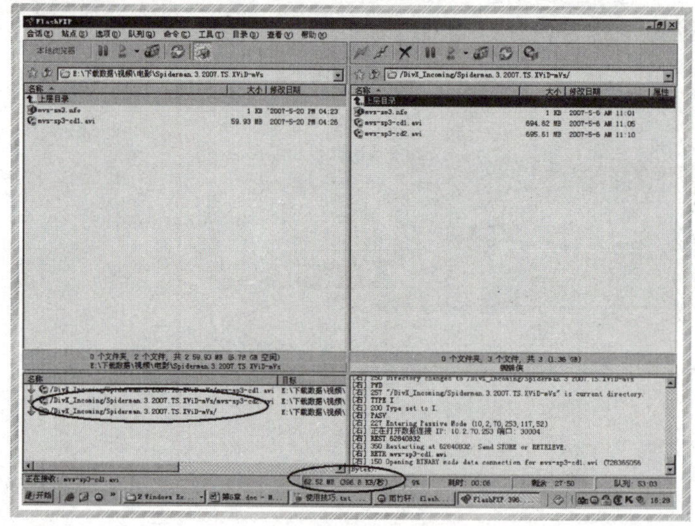

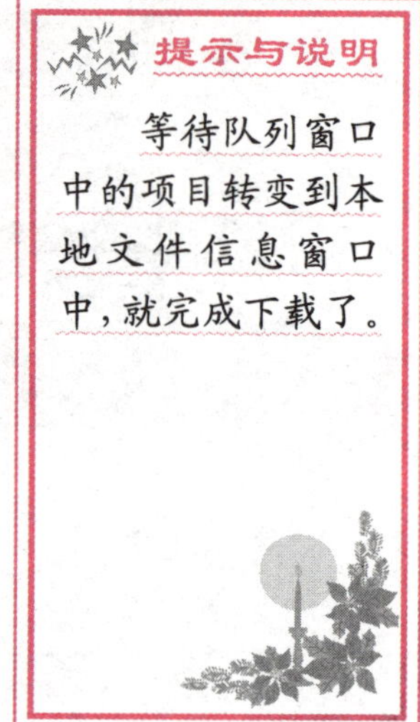

提示与说明

等待队列窗口中的项目转变到本地文件信息窗口中，就完成下载了。

FlashFXP 使用技巧

在这小节中，学习一些 FlashFXP 的使用技巧。

最小化到系统托盘：如果各位朋友和笔者一样，上网的时候运行很多软件，那么状态栏的每一厘米都是很有用的。FlashFXP 可以设置为最小化后放到系统托盘，依次点击主菜单栏【会话】|【最小化到系统栏】，如图 1 所示，FlashFXP 就会最小化到系统托盘中。

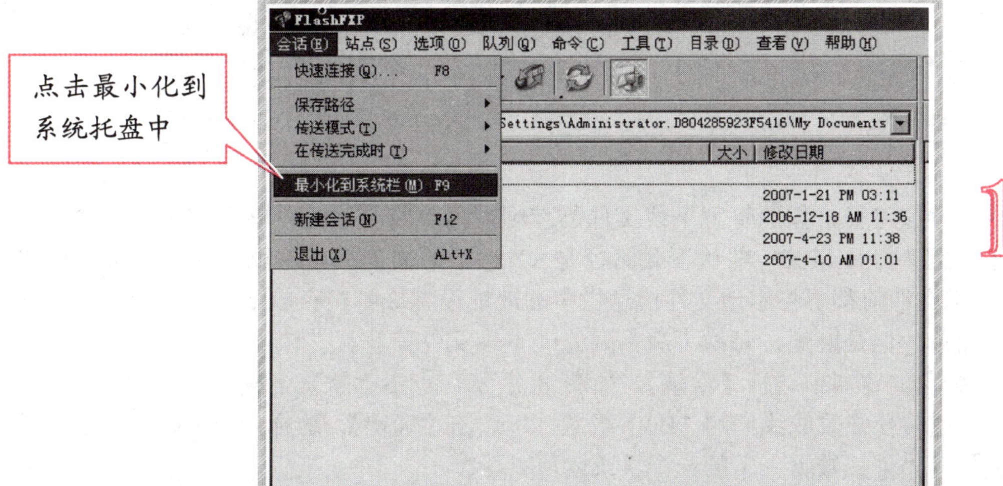

1

剪贴板监视功能：依次点击【工具】|【剪贴板】|【监视】，如图 2 所示，FlashFXP 就可以监视复制到剪贴板中的 FTP 地址。当浏览网页时，碰到想下载的资源链接时，只要在链接上点鼠标右键，在右键菜单中选择“复制快捷方式”，FlashFXP 就会把这个下载地址自动加入到队列窗口中，等待用户下载操作。

2

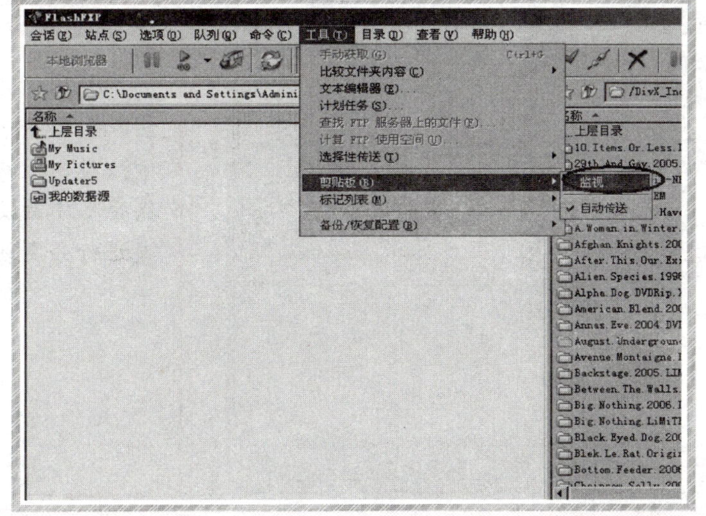

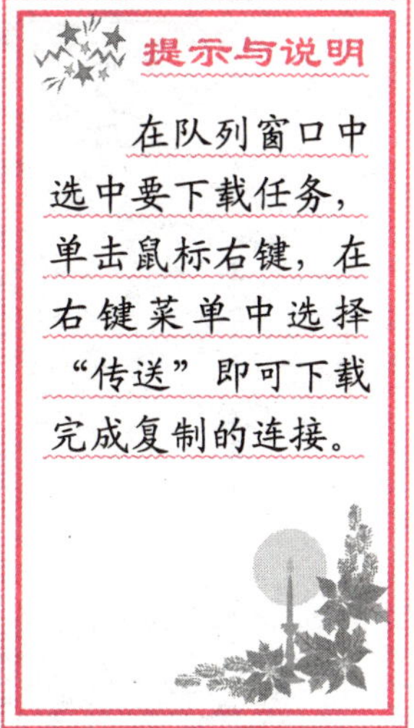

提示与说明

在队列窗口中选中要下载任务，单击鼠标右键，在右键菜单中选择“传送”即可下载完成复制的连接。

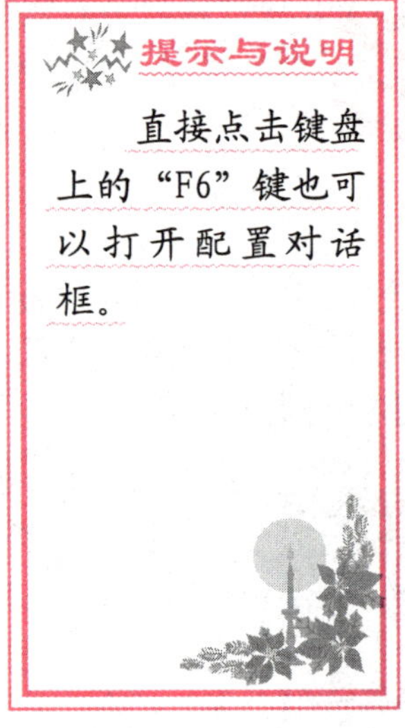
提示与说明

直接点击键盘上的“F6”键也可以打开配置对话框。

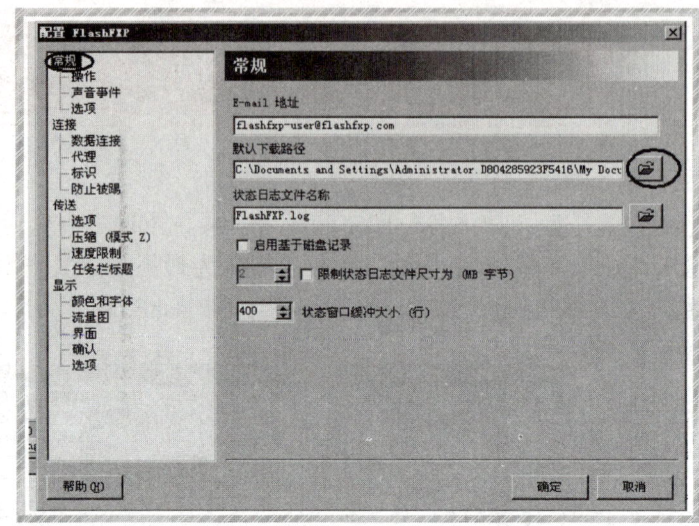

3

修改默认存放路径：按照管理下载文件的准则，需要将下载文件储存到之前建立好的文件目录下。因为 FlashFXP 默认下载路径是 C 盘下的文件夹，这就要求我们每次使用 FlashFXP 传送文件前都要将本地文件信息栏中的地址设置成专门存放下载文件的目录。这个工作虽然简单，但是麻烦，每次下载都要修改本地文件信息栏。依次点击【选项】|【参数设置】，在弹出的窗口中选择【常规】，如图 3 所示，点击“默认下载路径”栏右边的按钮，将默认下载路径修改成我们的“E:\下载数据”点击【确定】，这样，当下载时只要根据文件的类型打开“下载数据”下的一个目录就可以了。

站点管理：随着使用 FlashFXP 下载的资源越来越多，我们所拥有的站点也会越来越多，站点管理器里面的站点资源如果不管理，当要用到以前的某个站点时，就很难找到。所以刚开始使用 FlashFXP 时就要对站点进行管理。点击【站点】|【站点管理器】，在弹出的站点管理器窗口中点击【新建组】，如图 4 画圈位置所示，按照自己的分类习惯建立组，比如建立好“影视”组后，直接将“蜘蛛侠”拖入该组中即可。

4

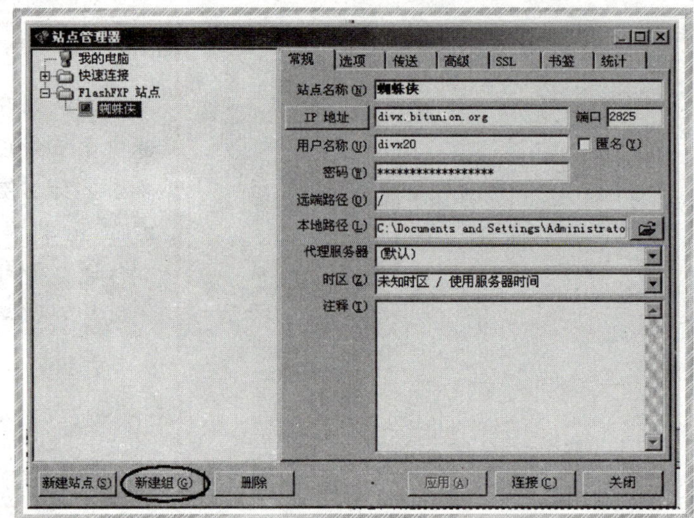

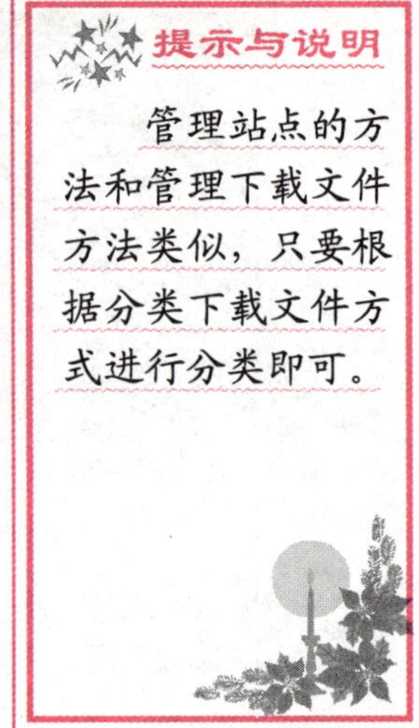
提示与说明

管理站点的方法和管理下载文件方法类似，只要根据分类下载文件方式进行分类即可。

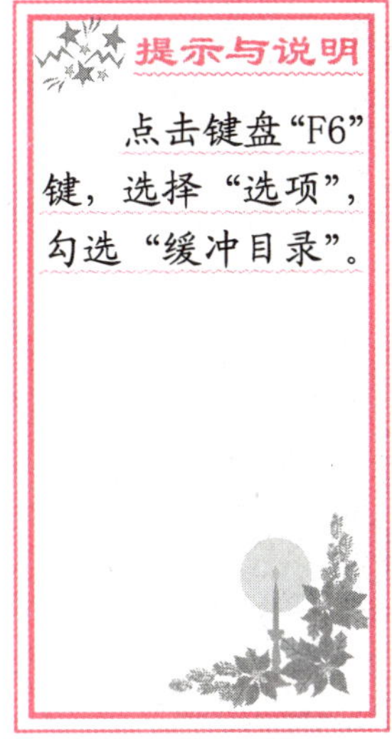

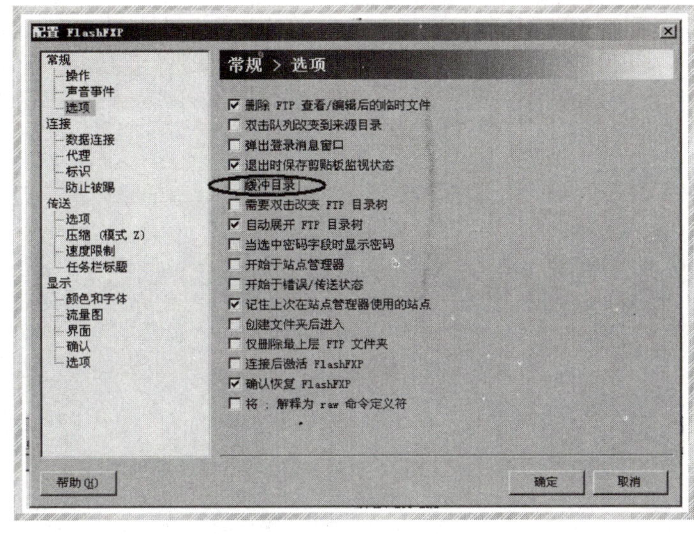

5

建立缓冲目录：大部分情况下，使用 FlashFXP 下载文件的过程中，是不可以浏览下载文件所在站点的其他目录的。这就导致了下载文件时，用 FlashFXP 就无法查看其他资源了，这给我们带来了很大的不方便。最近几个版本的 FlashFXP 可以解决这个问题。

依次点击【选项】|【参数设置】(或者直接点击键盘"F6"键)，弹出"配置"窗口，点击窗口左边的【选项】，在窗口右边找到并勾选"缓冲目录"，点击【确定】完成设置，如图 5 所示。

接下来连接上我们要连接的 FTP 服务器，点击依次主菜单中【工具】|【计算 FTP 使用空间】，弹出"磁盘已用空间"对话框，如图 6 所示。点击该窗口中的【检查】按钮，这时候 FlashFXP 开始扫描所有当前 FTP 服务器的目录，并把其目录结构保存下来，之后我们再下载时就可以同时浏览其文件目录了。实际上，这里浏览的是 FlashFXP 下载到缓存中的结构。检查的时间与 FTP 服务器中的内容多少密切相关，为了减少检查时间，可以将扫描深度设置为 2，表示最多将根目录下的两层目录记录到缓存中。

6

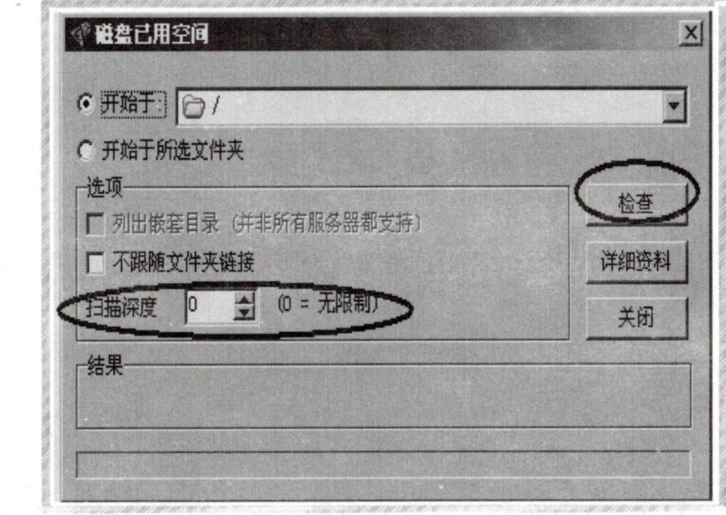

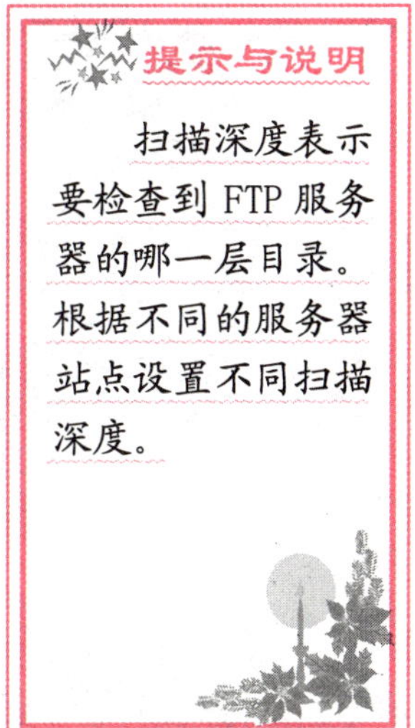

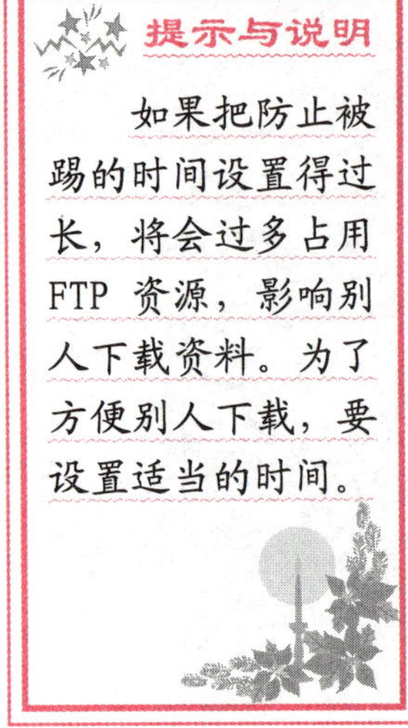

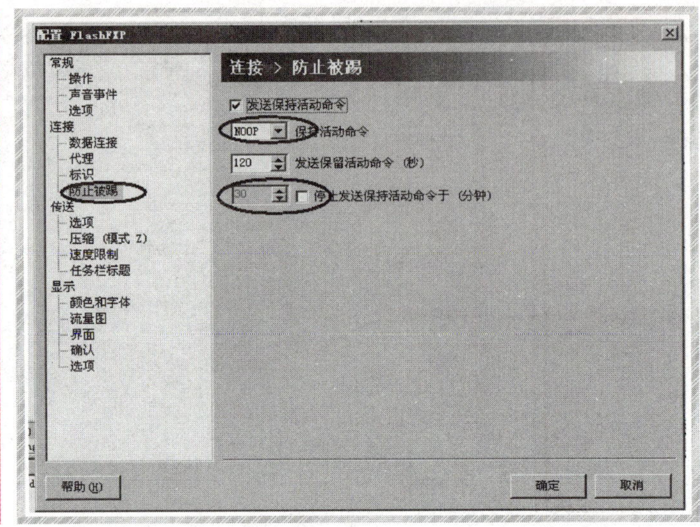

7

防止被踢：使用FTP下载资料时，连上一个FTP服务器后，如果有一段时间没有对其目录进行操作(比如切换目录、添加队列等)，FTP客户端便会自动断开连接，这又需要手动重新连接。实际上FlashFXP提供了相关的解决办法——在FTP处于空闲时向FTP服务器发送相关命令以保持连接。

依次点击【选项】|【参数设置】|【防止被踢】，勾选“发送保持活动命令”，并在“保持活动命令”下拉列表中选择“LIST”，如图7所示。为了不占用FTP资源，建议勾选“停止发送保持活动命令于(分钟)”一项，并设置一个时间(如30分钟)，这样当我们超过30分钟没有对FTP目录进行任何操作时，FlashFXP就会自动断开连接。点击【确定】完成设置。

连接两个服务器：FlashFXP可以同时连接两个不同的服务器，这方便了我们同时浏览或下载不同服务器上的资源。点击如图8画圈部分所示的“切换到FTP浏览器”快捷按钮，此时，原来窗口左边的本地浏览器转变为FTP浏览器，同时这个快捷按钮变为“切换到本地浏览器”，这里可以进行反复切换。

8

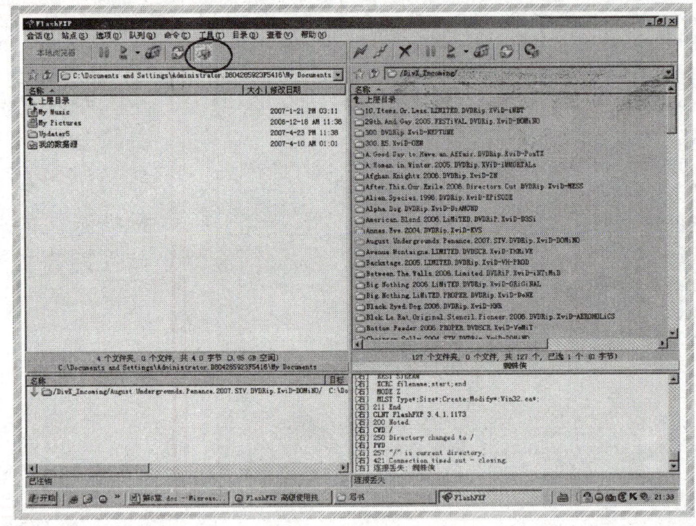

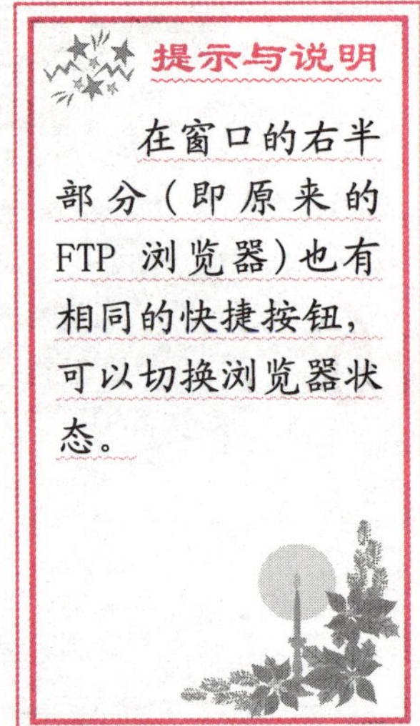

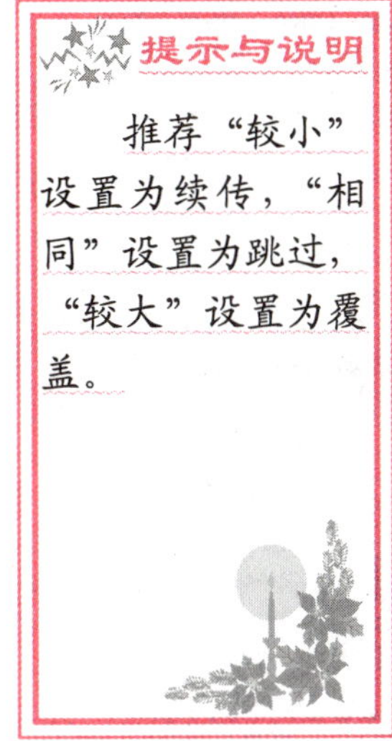

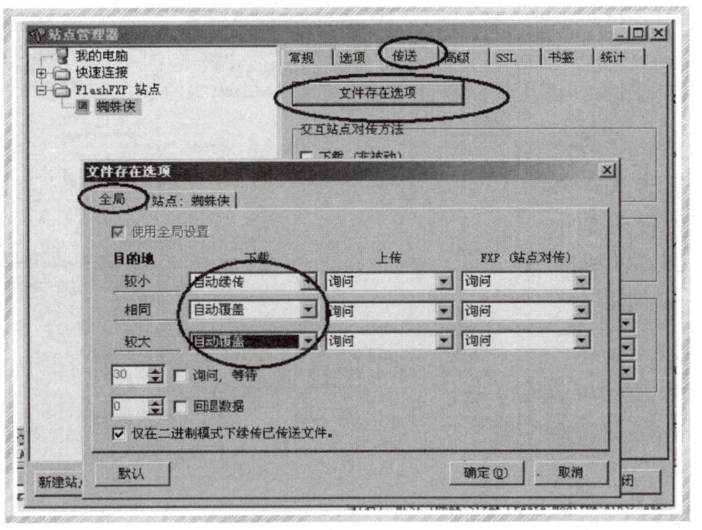

9

自动续传：在传送 FTP 文件的时候经常会出现由于网络不稳定而断开连接，FlashFXP 可以支持断点续传，也就是说 FlashFXP 可以记住一个未完成下载文件的进度，等自动重新连接上以后继续传送，在继续传送之前会弹出一个对话框询问您对原文件是进行续传还是覆盖……这就要求我们每次续传前都要手动操作，很麻烦。这里可以设置自动选择续传还是覆盖。依次点击【站点】|【站点管理器】|【蜘蛛侠】，在窗口右边选择【传送】|【文件存在选项】，在弹出的窗口中点击【全局】，在“目的地”下方的“较小”、“相同”、“较大”分别表示与同名文件相比文件的大小，在“下载”栏的下拉菜单中按照自己习惯分别对三种情况设置动作，依次点击【确定】完成设置。

模式更改：如果遇到能连接服务器但不能得到 FTP 上的文件目录这样的问题，这主要是因为这些 FTP 服务器的配置中勾选了“Allow passive mode data transfers”的被动模式。依次点击【站点】|【站点管理器】，找到正在连接的 FTP，选择【选项】标签，勾选“使用被动模式”一项后重试。如果问题依旧，则勾选“被动模式连接使用站点 IP”一项后再试。

10

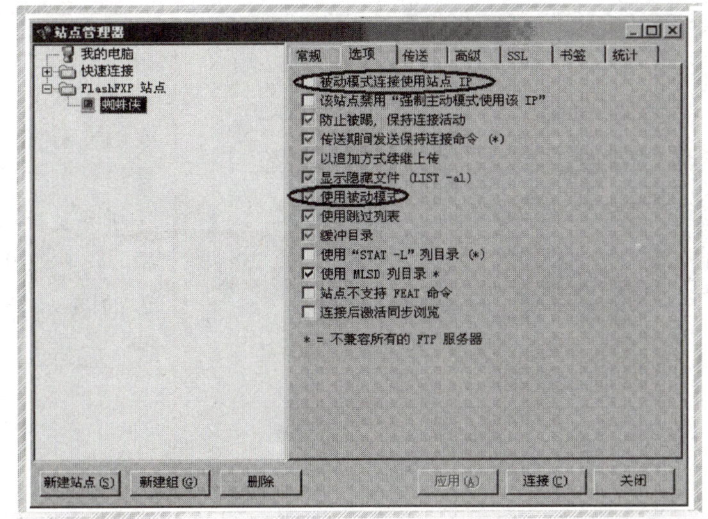

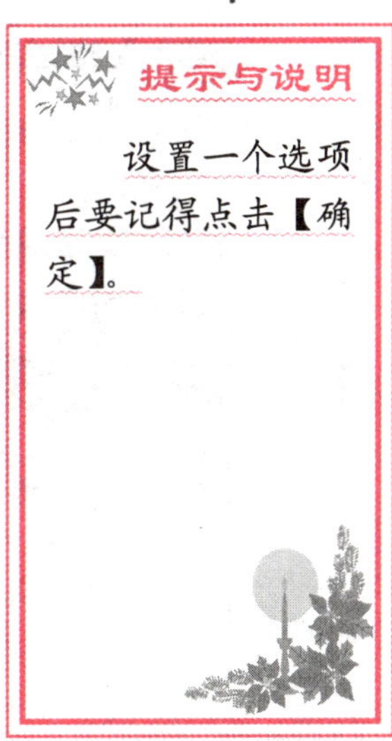

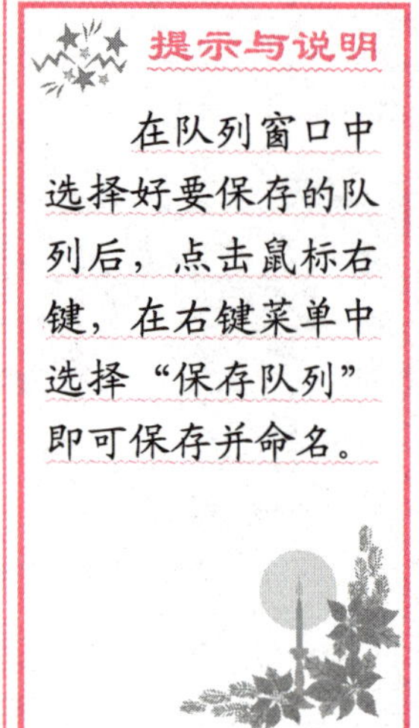

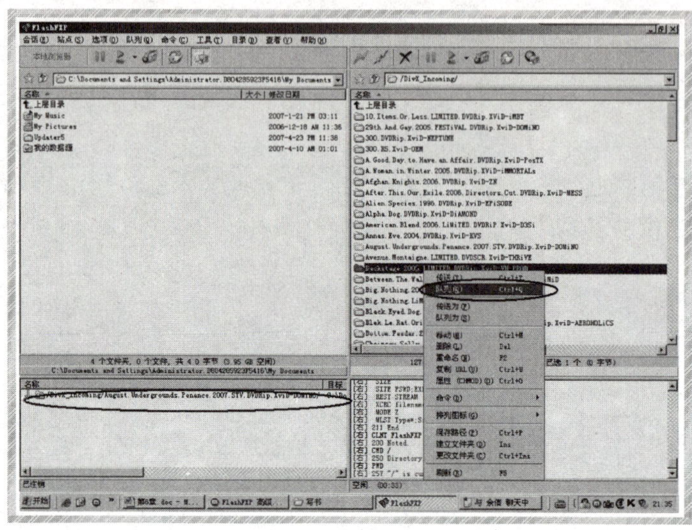

11

队列功能：FlashFXP 提供了强大的队列功能。有了队列功能，就可以像操作一个目录一样对队列进行整体操作。连上 FTP 服务器后，在窗口中选定想要传送的文件，然后点击鼠标右键，在右键菜单中选择“队列”，它就会自动把选中的文件加入到传送队列中。如图 11 所示。可以为队列起个名称后保存。这样，只要一次保存好要下载的对象，就不必每次都去选择传送文件了。另外，大家有没有在传送时电脑突然死机，而却不得不重新启动，或者在传送时不小心关闭了 FlashFXP，这时肯定会担心下载资料不见了。FlashFXP 为您想到了这点，死机或关闭时它会自动把我们的传送队列实时地保存下来，在下次启动 FlashFXP 时，程序会自动弹出一个“恢复队列”窗口，窗口中显示了上次未完成的队列，我们就可以选择需要恢复的队列并点击“载入”，这样程序就会接着上次的传送继续下去，直到完成为止。

保存了很多队列后，就可以下载了。如果是夜间进行下载，依次点击【会话】|【在传送完成时】|【关闭计算机】，如图 12 所示，这样我们就可以在下载时候去睡觉了。

12

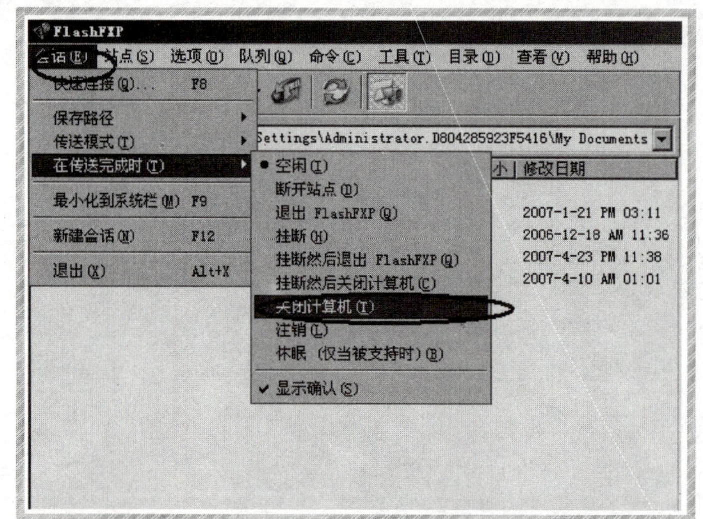

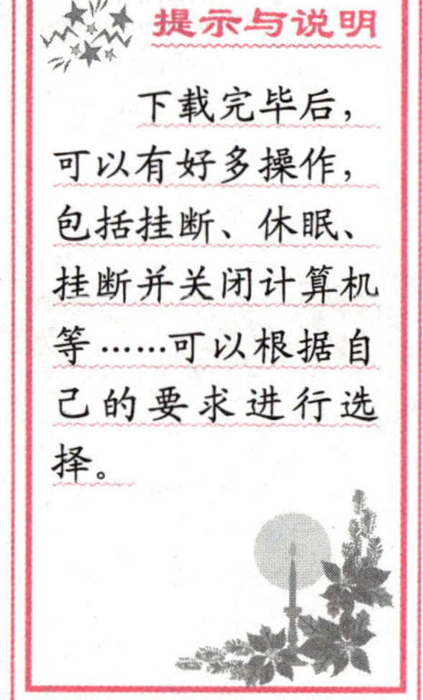